MANUEL PRATIQUE

DE

CULTURE MARAICHÈRE

PAR

COURTOIS-GÉRARD

marchand grainier, horticulteur

TROISIÈME ÉDITION

Ouvrage couronné d'une médaille d'or par la Société royale et centrale d'Agriculture

PARIS

LIBRAIRIE SCIENTIFIQUE, INDUSTRIELLE ET AGRICOLE
LACROIX ET BAUDRY

RÉUNION DES ANCIENNES MAISONS L. MATHIAS ET DU COMPTOIR DES IMPRIMEURS

QUAI MALAQUAIS, 15

1858

MANUEL PRATIQUE

DE

CULTURE MARAICHÈRE

Paris. — Typographie de Firmin Didot frères, fils et Ce, rue Jacob, 56.

MANUEL PRATIQUE

DE

CULTURE MARAICHÈRE

PAR

COURTOIS-GÉRARD

marchand grainier, horticulteur

Troisième Edition

Ouvrage couronné d'une médaille d'or par la Société royale et centrale d'Agriculture

PARIS

LIBRAIRIE SCIENTIFIQUE, INDUSTRIELLE ET AGRICOLE

LACROIX ET BAUDRY

réunion des anciennes maisons

L. MATHIAS ET DU COMPTOIR DES IMPRIMEURS

15, QUAI MALAQUAIS, 15

1858

Droit de reproduction et de traduction réservé.

PRÉFACE

« Les soussignés, jardiniers-maraîchers de la ville de Paris,
« réunis, cejourd'hui 31 mars 1844, au nombre de vingt-cinq,
« sous la présidence de M. Banier, doyen d'âge, et de
« MM. Marie et Noblet, vice-présidents, dans le lieu ordi-
« naire des séances du Cercle général d'Horticulture, à l'effet
« d'entendre la lecture d'un travail qui a été soumis à leur
« jugement par M. Courtois-Gérard, sur la culture maraî-
« chère, déclarent avec impartialité qu'ils lui donnent toute
« leur approbation, comme étant conforme aux bonnes mé-
« thodes de culture en usage parmi eux, et autorisent l'auteur
« à le publier sous leur patronage.

« Fait à Paris, le dimanche 31 mars 1844. »

Ont signé :

« *Autin, Banier, Brout, Conard, Conard (Charles), De-*
« *couflé, Debergue, Flantin, Fondrain, Godard, Gon-*
« *tier, Hérault, Jemtel, Lenormand, Malot, Marie,*
« *Marin, Masson, Moreau, Natalis, Noblet, Poisson, Ri-*
« *verand, Sanguin, Sautier.* »

Cette attestation, aussi honorable pour moi que précieuse
comme garantie de la valeur de mon travail aux yeux du pu-

blic, avait pour principal objet, lorsqu'elle m'a été délivrée, de constater l'exactitude de mes recherches et l'utilité des notions contenues dans mon ouvrage, le premier en date sur cette matière (1).

Deux éditions ont été publiées depuis : dans l'une j'ai rempli quelques lacunes essentielles ; dans l'autre j'ai ajouté un chapitre sur *la Culture forcée de la Vigne et des Arbres fruitiers ;* de manière que ce travail peut être considéré maintenant comme l'exposé le plus complet qui ait jamais été présenté de l'état de la culture maraîchère au dix-neuvième siècle.

16 juillet 1858.

COURTOIS-GÉRARD.

(1) Pour se convaincre de l'authenticité de ce fait, il suffit de consulter les dates : la première édition de mon Manuel maraîcher a été mise en vente dans les premiers jours de juin 1844 ; le manuscrit de la seconde édition a été déposé à l'hôtel de ville le 29 décembre 1844, et le travail de MM. Moreau et Daverne, sur le même sujet, n'a été publié que dans les derniers jours de janvier 1845.

MANUEL PRATIQUE

DE

CULTURE MARAÎCHÈRE

CHAPITRE PREMIER.

HISTORIQUE.

Histoire de la culture maraîchère à Paris.

Emplacement des marais depuis les temps les plus anciens jusqu'à nos jours (1).

La culture maraîchère, source de prospérité pour une partie considérable de la population des cités, est exercée si modestement par les hommes laborieux qui s'y sont voués que les procédés en sont

(1) Nous avons trouvé les premiers renseignements que nous donnons sur l'emplacement des marais de Paris, depuis le douzième siècle jusqu'au dix-neuvième : 1° dans le *Traité de Police* de Lamare, sur les plans de Paris sous Charles V et Charles VI, de 1367 à 1383;

peu connus et que son histoire est environnée d'obscurité.

Ce n'est que dans les grandes villes, sur les points où se trouve agglomérée une population nombreuse, que cette culture peut prendre tous les développements qu'on a droit d'attendre de l'intelligence humaine. Depuis les légumes abondants et grossiers qui servent à l'alimentation du pauvre jusqu'aux primeurs obtenues à force de travail et de soins, et qui paraissent sur la table du riche, tous ces produits sortent des mains du maraîcher, qui est le père de tant de merveilles.

Comme les autres professions, l'horticulture maraîchère a eu ses phases de développement et ses périodes de gloire, et, dans ces quinze dernières années, elle a fait des progrès rapides. L'horticulteur maraîcher, sortant de son jardin, où il s'était trop longtemps confiné, est venu prendre place dans les sociétés horticoles et se mêler à leurs travaux. On doit s'en féliciter, car la culture des légumes gagnera à ces contacts, qui auront encore pour résultats de réhabiliter des hommes éminemment utiles et qui sont toujours demeurés obscurs et ignorés.

Si nous cherchons l'origine des marais de nos

2° Sur le sixième plan des accroissements de Paris, de 1422 à 1589 ;

3° Sur le septième plan, de 1589 à 1643 ;

4° Enfin sur le huitième, en 1702, et successivement sur les autres plans publiés depuis cette dernière époque.

Puis nous avons complété ces renseignements en consultant quelques maraîchers fort âgés, qui ont assisté aux modifications successives des marais dans l'enceinte de Paris.

environs, nous ne trouvons que des renseignements épars et difficiles à rattacher entre eux. Nous voyons seulement que les vastes terrains qui, au commencement du douzième siècle, entouraient Paris, d'étendue bien modeste encore, étaient divisés en *coultures* (de là les noms de Coulture-Saint-Éloi, Sainte-Catherine, Saint-Gervais, dont nous avons fait *culture*) ou terrains consacrés à la grande exploitation, et en *courtilles*, dont les jardiniers, appelés courtilliers ou maraîchers, avaient pour fonctions d'approvisionner la ville en légumes de toutes sortes. A cette époque les maraîchers n'étaient que des fermiers, dont les jardins appartenaient à des seigneurs, à de riches bourgeois, ou à des communautés; c'est ainsi que les vastes marais de la Courtille-Saint-Martin étaient la propriété de Guillaume de Saint-Laurent et de Geoffroy Godepin; plus tard, les coultures furent louées et mises en culture par les maraîchers, qui les convertirent en jardins potagers. Les courtilles occupaient alors le nord de Paris, c'est-à-dire la vallée qui commence au faubourg du Temple et s'étend jusqu'aux Champs-Élysées.

De 1367 à 1383 les marais prirent de l'extension à l'est de Paris et descendirent vers le faubourg Saint-Antoine.

De 1422 à 1589 on trouve la même région exclusivement occupée par les marais; une partie (telles sont les coultures Sainte-Catherine-du-Temple et Saint-Martin) est encore comprise dans l'enceinte de la ville; mais de 1589 à 1643 les fossés et remparts servant d'enceinte à la cité les rejettent en dehors.

Dès 1720 la culture maraîchère, prenant de l'extension, se porta à l'ouest de Paris, à Vaugirard et à Grenelle ; la petite culture avait sur plus d'un point remplacé la grande.

Ainsi, au commencement du dix-huitième siècle, les marais occupaient tous les terrains compris entre les boulevards et la rue des Porcherons, aujourd'hui de la Pépinière et de Saint-Lazare, cette dernière partant, comme de nos jours, de Saint-Philippe-du-Roule, et se terminant à Notre-Dame-de-Lorette. Ils se prolongeaient jusqu'au faubourg Saint-Denis ; puis, à partir du faubourg Saint-Martin, ils occupaient tous les terrains entre les boulevards et la rue des Récollets, s'étendaient jusqu'aux marais du Temple, et descendaient jusqu'à la rue de la Roquette, en passant par le pont aux Choux, mais sans aller au delà de la rue Folie-Méricourt et de celle Popincourt. Entre la rue de Charenton et la Bastille se trouvait encore un groupe de marais, qui alors ne s'étendaient pas au delà de la rue Traversière.

En 1739 les terrains incultes qui existaient entre le cours la Reine et l'allée des Veuves furent convertis en jardins maraîchers, et, en partant des bords de la Seine, on trouvait aussi quelques marais à gauche de l'allée des Veuves. Ceux des Porcherons, partant de la Ville-l'Évêque, se prolongeaient comme précédemment jusqu'au faubourg Poissonnière ; mais ceux des faubourgs Saint-Denis et Saint-Martin se trouvaient alors au delà des grilles qui fermaient ces deux faubourgs. (Celle du faubourg Saint-Denis était à peu près à la hauteur de la rue des Petites-Écuries, et celle du faubourg Saint-Martin, à la hauteur de la rue Saint-Nicolas.) De la rue des Récollets les marais descendaient jusqu'au boulevard et se prolongeaient ainsi, par la porte du Temple et le pont aux Choux, jusqu'aux rues de la Roquette et de Charonne, sans s'étendre au delà des rues Folie-Méricourt, Popincourt et Basfroid. On commence cependant à voir quelques jardins maraîchers entre la rue des Amandiers et celle de la Roquette, puis quelques-uns aussi dans les rues de la Muette, des Boulets, et dans celle du Trône, qui faisait alors suite à cette dernière; on en trouve aussi dans la grande rue de Reuilly. A droite et à gauche de la petite rue de Reuilly tous les terrains sont en marais, et dès cette époque ceux de la rue de Charenton occupent déjà tous les terrains qui sont à droite et à gauche de la rue des Charbonniers et de celle de Rambouillet, et jusqu'à celle de Bercy.

Au sud, on voit aussi des jardins maraîchers sur le bord de la petite rivière de Bièvre, et ils se prolongent jusqu'à Croulebarbe.

A l'ouest, les terrains situés à droite et à gauche de la rue Notre-Dame-des-Champs sont cultivés en marais, et l'on voit ceux qui existent aujourd'hui derrière les Invalides se prolonger tout le long de la Seine jusqu'à la hauteur du couvent des Bons-Hommes; mais vers 1751, lors de l'établissement de l'École militaire, on supprima un grand nombre de ces marais; ceux de Vaugirard avaient à cette époque pris beaucoup d'extension, surtout à droite et à gauche de la rue Blomet.

En 1760 on voit encore des marais derrière la Ville-l'Évêque, ainsi qu'aux Porcherons ; ils se prolongent jusqu'à la partie gauche du faubourg Saint-Denis. A droite du faubourg Saint-Martin ils s'étendent jusqu'à la rue de la Roquette ; mais alors ils ne descendent pas plus bas que la rue des Marais, qui, partant du faubourg Saint-Martin, traversait alors le faubourg du Temple et se prolongeait ainsi parallèlement à celle des Fossés-du-Temple.

Vers 1780 l'égout découvert, qui du bas de la rue de Ménilmontant suivait la direction des rues Saint-Nicolas, Saint-Jean, des Petites-Écuries, de Provence, etc., ayant été couvert sur ce dernier point depuis quelque temps, on avait construit des maisons à droite et à gauche, et dès lors les marais avaient été successivement supprimés.

Ce fut en 1787 que le passage Saulnier, qui va de la rue Richer à la rue Bleue, fut percé par M. Rigoulot–Saulnier au milieu de son marais. Il exista sur ce point des marais jusqu'à une époque assez avancée, car ce ne fut que vers 1813 que les derniers jardins maraîchers de la rue Bleue furent détruits.

En 1790 les marais Saint-Georges existaient encore, mais peu à peu ils furent supprimés pour faire place à l'un des plus beaux quartiers de Paris.

Cependant en 1797 il y avait encore un marais dans la rue de la Chaussée-d'Antin et plusieurs dans la rue de Clichy, et même en 1816 quelques-uns dans la rue Blanche.

Vers 1790, c'est-à-dire après le décret de l'Assemblée nationale qui autorisa la confiscation des biens du clergé au profit de la nation, les jardins des Hospitalières de la Roquette et ceux de l'abbaye Saint-Antoine furent convertis en marais.

En 1822 les bons et beaux marais qui, du haut du faubourg Saint-Martin, s'étendaient jusqu'à la porte Saint-Antoine, furent détruits pour construire le canal Saint-Martin. Il y a quelques années, on voyait encore quelques marais sur les bords du canal, mais aujourd'hui il n'en reste plus qu'un seul. Tous furent successivement convertis en chantiers, en entrepôts ou en fabriques. A partir de cette époque, presque chaque année a été marquée par la destruction de quelques beaux jardins maraîchers.

Vers 1825 on détruisit ceux qui existaient dans les Champs-Élysées; à la même époque une bonne partie des marais qui étaient à gauche de la rue de la Roquette, en partant du boulevard, furent supprimés pour construire la prison des jeunes détenus; puis en 1833 une autre partie à droite de la même rue fut prise pour construire les prisons du nouveau Bicêtre.

Au commencement de 1842 presque tous les marais qui de la rue Traversière-Saint-Antoine s'étendaient jusqu'à celle des Charbonniers, et de la rue de Charenton à celle de Bercy, furent encore détruits pour construire les prisons de la nouvelle Force.

Quelque succincts que soient ces renseignements, on comprendra facilement les difficultés que nous avons dû éprouver dans nos recherches, n'ayant pas ou presque pas de documents à consulter. Convaincu de l'utilité d'établir un point de départ, afin de pouvoir ultérieurement suivre le déplacement des marais encore compris dans la nouvelle enceinte de la ville, nous avons dressé avec toute l'exactitude possible le plan de Paris, et nous y avons indiqué la position de chaque marais sur le terrain même, pour éviter toute erreur ; aussi pensons-nous qu'il est impossible de donner un travail plus exact dans un cadre aussi restreint.

Des progrès de la culture maraîchère de Paris.

La culture des plantes potagères est certes une des plus importantes parties du jardinage ; malheureusement nous manquons complétement de renseignements sur les diverses opérations pratiquées dans cette branche intéressante de l'horticulture. A différentes époques plusieurs auteurs ont traité de la culture des légumes, telle qu'elle était pratiquée dans les jardins particuliers ; mais, comme à toutes les époques les maraîchers ont dû s'appliquer surtout à obtenir un grand nombre de récoltes sur le même terrain, il en résulte que toujours ils ont dû avoir des procédés de culture inconnus aux jardiniers des maisons bourgeoises.

C'est donc à regret que nous avouons n'avoir rien trouvé sur l'horticulture maraîchère aux premiers temps de notre civilisation. Le premier auteur qui ait écrit en français sur la culture des plantes potagères est le docteur Mirzauld, qui publia en 1605 un travail sur les usages et la culture des plantes potagères connues à cette époque. On cultivait alors les Artichauts ou Chardons de France, les Asperges, les

Aulx, le Basilic, la Bette, la Bourrache, la Citrouille, le Concombre, le Chervis, les Choux, les Épinards, le Fenouil, les Fraisiers, l'Hysope, la Laitue, la Lavande, les Melons, la Menthe, les Naveaux, les Oignons rouges et blancs, l'Oseille, la Pastenade, le Persil, le Poireau, le Pourpier, les Raves douces, la Rue franche, la Roquette, le Romarin, le Raifort, la Sauge, la Sariette, le Thym, etc., etc.

De 1605 à 1623 le nombre des plantes potagères ne s'accrut pas beaucoup. On peut dire que c'est seulement à partir de cette époque que la culture des plantes potagères commença à offrir quelque intérêt, car déjà on faisait quelques semis et plantations sur couche. Pour activer et favoriser la végétation des Melons cultivés sur couche, on les couvrait d'une cloche de verre. Ces couvertures, dit Olivier de Serres, sont de grands chapeaux façonnés comme des cloches, larges par bas, ou comme des couvercles d'alambics, qui n'ont de bord qu'à leurs extrémités; leur grandeur est d'un pied de diamètre. Il parle aussi de boîtes roulantes dans lesquelles on les cultivait; ces boîtes étaient placées à l'entrée de serres souterraines, où on les rentrait toutes les fois que la température l'exigeait, pour les en sortir lorsque le temps était favorable.

De 1623 à 1678 la culture maraîchère, quoique encore dans l'enfance, fit de grands progrès, et Claude Mollet, premier jardinier de Louis XIII, laissa d'excellents principes de culture dans son *Théâtre du Jardinage*. La culture des Melons sur couche y est surtout indiquée avec beaucoup d'intelligence.

Ce fut aussi lui qui le premier parla de la culture des Choux-fleurs.

Au dix-huitième siècle, on trouve la culture maraîchère arrivée à la hauteur des connaissances de cette époque, illustrée par tant de grands hommes. Ce succès est dû au zèle du célèbre La Quintinye, jardinier en chef du potager de Versailles (1), dont les précieux enseignements forment une des plus belles pages de notre histoire maraîchère. Aussi dirons-nous qu'il est impossible de lire cet habile praticien sans éprouver un vif sentiment d'admiration, et ce n'est pas sans étonnement que nous vîmes, dans son *Instruction pour les Jardins fruitiers et potagers*, ouvrage publié en 1690, qu'il envoyait pour la table de Louis XIV des Asperges et de l'Oseille nouvelle en décembre; des Radis, des Laitues et des Champignons en janvier; en mars des Choux-fleurs conservés dans la serre à légumes; des Fraises dès les premiers jours d'avril, des Pois en mai, et des Melons en juin. On voit que déjà la culture des primeurs était arrivée à un haut degré de perfection. Dès cette époque l'emploi des châssis était connu; seulement ils différaient complétement de ceux que nous avons aujourd'hui (2). Malgré ces résultats, les maraîchers

(1) La Quintinye naquit en 1626 à Chabannais, petite ville de l'Angoumois; il mourut à Versailles en 1688.

(2) En parlant des châssis employés au potager du roi à Versailles La Quintinye dit : « Le châssis est un ouvrage de bois de menuiserie fait en tiers-point ou triangle, avec des feuillures dans les côtés de l'épaisseur, pour y loger, emboîter et enchâsser des panneaux carrés de vitre, et couvrir par ce moyen des plantes qu'on veut avancer l'hiver par des réchauffements. Ces châssis

n'avaient encore que très-peu de cloches et pas de châssis ; cependant déjà ils étaient cités pour le bon emploi de leur terrain, et La Quintinye avoue franchement que les connaissances qu'il possède sur le potager lui ont été enseignées par d'habiles maraîchers avec lesquels il a eu de fréquents entretiens.

Les leçons de ce grand maître donnèrent une telle impulsion aux travaux du jardinage que depuis lors ils ont toujours suivi une marche progressive, soit en faisant l'application de nouvelles méthodes, soit en opérant avec plus d'économie que précédemment.

Sous Louis XV, M. Gondoin, jardinier du château royal de Choisy-le-Roi, cultivait l'Ananas, les Patates et les Melons, avec succès ; comme à Versailles, à Choisy-le-Roi on faisait des primeurs, et M. Gondoin, qui avait étudié en Hollande la conduite des bâches à fourneau (1), porta cette culture à un très-haut point.

Parmi les hommes qui se distinguèrent dans la culture des primeurs nous citerons , en 1764, Tassère, parent de M. Thouin, et jardinier du duc d'Orléans, à Bagnolet.

Ce fut sous le règne de Louis XVI que les jardins

sont de bois de Chêne bien dur, et souvent peints de vert, pour résister davantage aux injures de l'air ; ils ont environ six pieds de long pour contenir de chaque côté deux panneaux de trois pieds en tous sens ; leur ouverture est d'ordinaire de quatre pieds. On en met plusieurs au bout l'un de l'autre ; et enfin ils sont terminés à leurs extrémités triangulaires par des panneaux en triangle faits juste pour boucher l'ouverture. »

(1) Pendant longtemps ce fut la Hollande qui fournissait des légumes nouveaux à toutes les cours de l'Europe, et la cour de France fut sa tributaire jusqu'au règne de Louis XIV.

de Brunoy acquirent la célébrité dont ils jouirent si longtemps. Du marquis de Brunoy, à qui ils appartenaient, ils passèrent au comte de Provence (Louis XVIII), qui ne négligea rien pour qu'ils conservassent leur réputation. On y cultivait un nombre considérable d'Ananas ; on y forçait tous les légumes susceptibles de l'être. Afin de présenter un exemple d'après lequel on puisse juger de l'importance de ces jardins, nous dirons que M. Noisette (le père du célèbre horticulteur de ce nom), qui en dirigeait les cultures, présenta au comte de Provence des Raisins mûrs au 1er janvier. Chaque année il donnait des Melons dans les premiers jours de mai.

Après bien des recherches, nous sommes enfin parvenu à nous procurer quelques renseignements sur les travaux des maraîchers de Paris ; nous dirons donc que c'est seulement à partir de cette époque que les maraîchers commencèrent à se servir de châssis et à faire des primeurs ; jusque-là ils n'avaient que des cloches, et l'on ne forçait des légumes que dans les jardins royaux ou chez les grands seigneurs.

Les premiers maraîchers qui eurent des châssis sont MM. Debille, Ebrard et Vallette. Ces appareils étaient alors consacrés à la culture des Concombres, culture qui, à cette époque, était beaucoup plus importante qu'aujourd'hui. Quelques années plus tard, vers 1800, MM. François, Fournier Heude, Jaulin, Marie, etc., eurent aussi des châssis ; mais ce fut seulement vers 1818 que l'emploi des châssis devint général, et à partir de cette époque le nombre en a toujours été en augmentant.

Au nombre des faits dignes d'être enregistrés, nous citerons les suivants :

Vers 1776 un jardinier de la rue de la Santé, nommé Legrand, chauffait des Rosiers sur place au moyen de couches de gadoue. Il lui restait un coffre et trois panneaux sans emploi, qu'on laissa par négligence sur le bout d'une planche de Fraisiers des Alpes. Peu de temps après, la femme du jardinier aperçut quelques Fraises sous ces panneaux, les fit remarquer à son mari, qui alors conçut l'idée qu'on pourrait forcer le Fraisier aussi bien que les Rosiers. Un officier de la bouche du roi lui paya 24 fr. la première douzaine de Fraises. Legrand fit beaucoup d'argent de ses Fraises avant que ses confrères commençassent à en chauffer.

En 1788 M. Decouflé entra dans la carrière qu'il a si brillamment parcourue, et il cultiva le premier les Pois et les Haricots sous châssis (1), les Carottes sur couche, etc.

En 1791, M. Stainville, qui demeurait allée des Veuves, aux Champs-Élysées, fut le premier qui força la Chicorée fine d'Italie. Il la sema en janvier sur couche très-chaude, comme cela se fait encore aujourd'hui, tandis qu'avant cette époque on la semait seulement dans les premiers jours de mai, et malgré cela elle montait souvent encore. Il fit d'abord

(1) Il paraît que jusque-là les premiers Pois étaient fournis par les cultivateurs de Sèvres, qui les semaient dans des caisses longues qu'ils plaçaient à l'entrée des carrières, et, lorsqu'il survenait des gelées, ils les rentraient dans la carrière pour ne les en sortir que dès que la température le permettait.

ce travail en secret ; il avait pour cela un petit jardin séparé de son établissement, où il élevait son plant ; et lorsque sa Chicorée était bonne à planter, comme alors il n'avait plus à craindre qu'on connût son procédé, il la cultivait dans son jardin. Pendant longtemps il fut le seul qui cultivât des Chicorées de cette sorte et réalisa ainsi de beaux bénéfices ; plus tard il communiqua son secret à son ami, M. Autin (Denis), puis peu à peu cette nouvelle méthode se répandit parmi les maraîchers.

Enfin il résulte de divers renseignements que ce serait vers 1792 que M. Quentin, maraîcher, aurait commencé à chauffer les Asperges blanches.

Les troubles de la Révolution, les longues et ruineuses guerres de l'Empire interrompirent les progrès de la culture maraîchère, qui ne commença à marcher dans la voie qu'elle suit aujourd'hui qu'après le retour de la tranquillité. Les bras rendus à l'agriculture, le calme profond dont on jouit depuis cette époque, donnèrent les moyens de s'occuper activement de cette branche importante de culture, et beaucoup d'hommes que la guerre eût absorbés, et qui avaient besoin d'une position, y consacrèrent leurs forces et leur intelligence.

Cependant, vers 1800, M. Marie commençait à forcer les Asperges vertes ; en 1811 M. Besnard plantait les premiers Choux-fleurs sous châssis ; en 1812 MM. Dulac et Chemin, les premières Romaines sous cloche, et vers la même époque M. Fanfan Quentin prenait rang parmi les primeuristes les plus renommés.

Vers 1815 la Société royale d'Agriculture décerna une médaille d'or à M. Pierre-Simon Marcès pour sa belle culture d'Asperges forcées ; il forçait aussi avec succès les Concombres, les petits Pois, les Haricots et les Fraises ; un des premiers il cultiva la Romaine sous cloche ; enfin il fut un de ceux qui contribuèrent le plus à l'avancement de ce genre de culture. A la même époque M. Debille obtint une mention honorable également pour ses cultures forcées. Ce fut alors aussi que M. Edy, jardinier en chef du potager de Versailles, commença des essais qui furent couronnés de succès et qui simplifièrent la culture des légumes forcés. MM. Grison et Gontier, qui prirent la suite de ses travaux, marchèrent dignement sur ses traces. Nous aurons souvent occasion de parler de ces habiles horticulteurs, à qui l'on doit déjà un grand nombre de bons procédés de culture, et qui, jeunes encore, laissent espérer qu'ils rendront d'utiles services à leur pays.

Dès son début (1827) la Société d'Horticulture comprit que la culture maraîchère était digne de sa sollicitude ; aussi, dans sa première séance solennelle, elle décerna un prix à M. Decouflé pour ses belles cultures forcées, et depuis cette époque elle stimula le zèle des horticulteurs maraîchers autant qu'il était en son pouvoir de le faire. Mais, malgré le soin qu'elle prit d'offrir des prix et des mentions honorables pour les plus beaux légumes qui lui seraient présentés, ce ne fut qu'en 1836 que M. Boudier, cultivateur de la commune d'Aubervilliers, apporta quelques légumes qui lui valurent une mention honorable. Cependant, avant cette époque, la Société avait eu un progrès à signaler et une application heureuse d'un nouveau procédé de chauffage à récompenser ; car en 1834 elle avait décerné une médaille à M. Gontier pour l'application du thermosiphon aux cultures forcées.

Depuis, le nombre des récompenses accordées aux jardiniers maraîchers a toujours été en augmentant, et aujourd'hui le chiffre de ces récompenses est beaucoup trop considérable pour qu'il soit possible d'en publier la liste dans cet ouvrage, comme nous l'avons fait précédemment

CHAPITRE II.

Statistique maraîchère de Paris.

Pour répondre au programme de la Société royale d'Agriculture, nous avons réuni sur les marais des renseignements de statistique d'une haute importance. Cette partie de l'ouvrage, quoique bien courte, est celle qui nous a coûté le plus de travail.

Nous avons cru nécessaire de diviser Paris en quatre régions, afin qu'on puisse plus facilement juger de l'importance des cultures maraîchères qui existent sur différents points. Par suite de ce travail, nous avons trouvé au *nord*, c'est-à-dire à partir de la rive droite de la Seine jusqu'à la Grande-Villette, 581,748 mètres en culture maraîchère ; à l'*est* (de la Petite-Villette à Bercy), 3,284,104 mètres ; au *sud* (de la rive gauche de la Seine à Montrouge), 199,159 mètres ; à l'*ouest* (de Montrouge à Grenelle), 1,868,614 mètres ; ce qui représente 593 hectares 36 ares 25 centiares de terrain.

Sur cette étendue de terrain nous avons trouvé :

Au nord,	99	établissements maraîchers.
A l'est,	653	— —
Au sud,	40	— —
A l'ouest,	333	— —

1,125 (1).

Ainsi l'on trouve, en 1844, dans la nouvelle enceinte de Paris, 1,125 établissements maraîchers; mais ces jardins sont loin de suffire à l'approvisionnement des marchés de la capitale, et, par suite des causes que nous avons signalées dans le chapitre précédent, un nombre considérable de jardins maraîchers se trouvent maintenant au delà des fortifications.

Nous signalerons aussi l'existence de marais à Clichy, à Croissy, à Viroflay, à Rueil, à Sartrouville et à Meaux; puis les cultures de gros légumes des communes d'Aubervilliers (les Vertus), Baubigny, la Courneuve, Drancy, Saint-Ouen, Saint-Denis, le Bourget, Pantin, Bonneuil, Bagnolet, Romainville,

(1) Comme ces renseignements devaient nous servir de base pour le reste de la statistique, il était de toute nécessité qu'ils fussent très-exacts; c'est pourquoi nous n'avons reculé devant aucune démarche pour arriver à ce résultat. Nous avons trouvé les premiers éléments de ce travail dans les bureaux des halles et marchés; mais comme, dans l'ordre où ils sont placés, il n'y a pas de vérification possible, après avoir classé tous les maraîchers par quartiers, puis par rues, nous sommes allé vérifier ces renseignements sur le terrain même, ce qui nous a procuré l'occasion de faire de nombreuses rectifications. Les pièces à l'appui ayant été remises à la Société royale d'Agriculture, elle a pu se convaincre de l'exactitude de ce travail.

Fontenay-aux-Roses, etc., etc., dont les produits sont également vendus sur les marchés de Paris.

Comme l'exploitation de chacun de ces jardins nécessite le concours d'au moins deux personnes directement intéressées à leur prospérité et ayant chacune des fonctions différentes, on trouve fort peu d'individus, hommes ou femmes, en état de veuvage ou célibataires ; c'est pourquoi nous comptons pour les marais de Paris 2,250 maîtres ou maîtresses, c'est-à-dire deux pour chaque établissement, et, chez chaque maître, de un à six garçons et d'une à deux filles. Mais comme chaque chef de famille a de un à huit enfants, et que presque tous travaillent avec leurs parents, il n'est guère possible d'établir de distinction entre les ouvriers à gages et les enfants qui remplissent chez leurs parents les mêmes fonctions ; c'est pourquoi nous présenterons en masse le nombre des individus employés dans les cultures maraîchères de Paris.

Ainsi 2,955 ouvriers ajoutés à 2,250 maîtres et maîtresses nous donnent un total de 5,205 individus. Chaque garçon jardinier gagne, terme moyen, en été, outre sa nourriture, 32 fr. par mois, plus 2 à 3 fr. chaque dimanche, à titre de gratification ; en hiver, il gagne 20 fr. par mois et de 1 fr. 50 c. à 2 fr. de gratification le dimanche.

Une fille, également nourrie dans la maison, gagne de 220 à 250 fr. Il y a des établissements où l'on ne prend des filles qu'en été ; alors on les prend au mois. Chaque année, de février en mars, il arrive de Bourgogne des filles qui travaillent chez les jardiniers pendant toute la belle saison et retournent dans leur pays vers le mois d'octobre; elles gagnent alors 20 fr. par mois et 1 fr. le dimanche. Quelques maraîchers prennent pendant l'été des femmes de journée auxquelles ils donnent 1 fr. par jour.

Presque tous les établissements de maraîchers se trouvant aujourd'hui très-éloignés de la halle, il est rare que les maraîchers n'aient pas un cheval et une voiture pour transporter chaque matin leurs produits à la halle, aller chercher le fumier nécessaire aux besoins de la culture, et le cheval à son retour tire de l'eau pour les arrosements. Comme ces besoins sont à peu près les mêmes dans chaque établissement, il n'y a pas plus d'une quinzaine de maraîchers qui n'aient pas de cheval. Ainsi, pour l'exploitation des marais de Paris, on peut compter 1,050 chevaux, dont la valeur moyenne est de 400 fr.; la nourriture de chaque cheval revient en moyenne à 2 fr. 25 c. par jour, ce qui fait 821 fr. 25 c. par an.

La valeur des terrains en culture maraîchère ou propres à cette exploitation varie suivant la nature du sol et la position plus ou moins avantageuse qu'ils occupent; mais l'on peut évaluer le prix d'un hectare de terre clos de murs, avec puits et une petite habitation, à au moins 30,000 francs, et il en peut valoir jusqu'à 50,000.

Au lieu d'indiquer le maximum et le minimum du prix de location d'un terrain, nous avons pensé qu'il serait plus exact d'en indiquer la moyenne, car l'on trouve rarement des jardins d'une même contenance. C'est pourquoi, dans chacune des catégories précédemment établies, nous avons, sur différents points, pris une vingtaine de terrains, et, après avoir réuni le loyer de chacun, nous avons trouvé qu'au nord un hectare de terre en culture maraîchère était loué 1,225 fr. par année; à l'est, 1,695 fr.; au sud, 1,030; et à l'ouest, 1,157 fr.

L'impôt foncier affecté aux marais de Paris varie suivant la position qu'ils occupent. A cet effet on les a divisés en quatre classes : ceux de la première payent environ 8 centimes par mètre; ceux de la seconde, 6 centimes, et ainsi de suite pour les autres classes. La maison d'habitation qui est sur le terrain est imposée suivant son importance, et paye, comme les autres propriétés, à peu près le dixième du revenu annuel. Nous ne ferons pas figurer l'impôt foncier au chapitre des dépenses générales, car il est toujours à la charge du propriétaire, et nous n'avons à traiter que des jardins en location.

Nous avons trouvé dans les cultures maraîchères de Paris à peu près 228,900 châssis et 1 million 659,900 cloches.

Le maximum des châssis employés dans un même établissement est de 1,400, le minimum de 60.

Le maximum des cloches est de 5,000, le minimum de 100.

On peut diviser les marais de Paris en deux classes : ceux où l'on ne fait que des cultures de pleine terre, et ceux où l'on cultive les primeurs. Restent ceux où l'on fait de la culture maraîchère en plein champ; mais, comme ils sont tous situés hors de la ville, nous nous réservons de traiter ce sujet en parlant des cultures d'Aubervilliers. Pour établir les frais d'exploitation d'un établissement maraîcher, nous prendrons un exemple dans chaque classe.

1° Marais où l'on ne fait que des cultures de pleine terre.

Pour que chaque renseignement vienne en son lieu, nous commencerons par indiquer la quantité de personnes employées à la culture d'un hectare de terre où, excepté quelques couches en plein air, on ne fait que des légumes de pleine terre, bien que le nombre soit susceptible de varier suivant l'intelligence ou l'activité du chef de l'établissement. Nous dirons que pour cultiver un marais d'un hectare il faut, indépendamment du maître et de la maîtresse, une fille et un garçon pendant toute l'année, un second garçon pendant les mois d'été, puis quelques personnes de journée pendant la saison des arrosements. Quelques maraîchers prennent, pour faire ce travail, des soldats auxquels ils donnent 20 à 25 centimes par heure.

Si l'eau est la base de la culture maraîchère, le fumier, le terreau et le paillis ne sont pas moins indispensables ; aussi est-il extrêmement rare de trouver un jardin maraîcher où l'on ne fasse pas de couches, et les maraîchers qui n'ont ni cloches ni châssis font ordinairement des couches en plein air pour semer des Radis, des Carottes, et planter des Choux-fleurs. Il est même facile de démontrer que le maraîcher qui ne fait pas de couches dépense autant en achat de terreau que celui qui fait des couches, et ce dernier a en plus le produit de ses couches; puis, après les récoltes, il trouve la quantité de terreau nécessaire aux besoins de son marais. Il est vrai que ces couches ne le dispensent pas d'acheter du fumier pour enterrer et du paillis pour étendre sur le sol; car, pour fumer un hectare de terre en culture maraîchère, il faut, déduction faite de l'emplacement des couches, environ 93 mètres 50 centimètres cubes de fumier à 8 fr. 50 c. le mètre, soit 794 fr. 75 c.; mais, comme ordinairement on ne fume que tous les deux ans, il ne faut compter que sur 397 fr. 38 c. de fumier par an. (Pour plus de détails, voir au chapitre *Engrais et Paillis*.)

Ainsi, comme, par suite du besoin de terreau, on ne trouve à Paris qu'un très-petit nombre de jardins maraîchers où l'on ne fasse pas de couches, pour établir les dépenses de terreau et paillis nous prendrons pour exemple un marais dans lequel on fait chaque année dix couches en plein air de 24 mètres de longueur sur 1 mètre 33 centimètres de largeur, plus la largeur des sentiers. Ces couches ont ordinairement 60 centimètres d'épaisseur, et l'on estime qu'il faut pour 40 francs 51 centimes de fumier pour chaque couche, soit, pour les dix couches, 405 francs 10 centimes. Après les récoltes, une partie du terreau provenant de ces couches sert à charger les nouvelles couches, et le reste pour étendre sur les planches en culture (particulièrement sur les semis), opération qui doit être répétée après chaque récolte, car alors le terrain est de nouveau labouré, puis semé ou planté, et dans les bonnes années elle se renouvelle trois fois ; mais comme la troisième saison consiste en semis faits entre des plantes repiquées ou plantées de manière à leur succéder, nous ne compterons, outre la fumure, que sur deux saisons pour les dépenses d'engrais.

Pour la première saison il faut acheter environ 93 mètres 50 centimètres cubes de terreau à 5 fr. le mètre, soit 467 fr. 50 c.

Pour la seconde saison, on remplace le terreau par du fumier court, dont il faut environ 187 mètres cubes à 4 fr., soit 748 fr., somme à laquelle nous joignons les 405 fr. 10 cent. de fumier employé pour les couches et les 397 fr. 38 c. de fumier pour engrais, ou, en total, 2,017 fr. 98 c. par hectare. Mais, en tenant compte d'un certain nombre de planches qu'il n'est pas absolument nécessaire de terreauter ou de pailler chaque année, il résulte qu'on peut dépenser un peu moins ; puis, comme en fait de dépenses nous pensons qu'il est toujours préférable de faire connaître le chiffre le plus élevé, nous avons pris pour exemple un marais de la vallée de Fécamp, localité où la terre est de médiocre qualité, et par conséquent où il est nécessaire de fumer plus que partout ailleurs.

Afin de faire connaître exactement les dépenses nécessaires dans un marais où l'on ne fait que des cultures de pleine terre, nous allons indiquer non-seulement les dépenses annuelles, mais encore celles nécessaires à l'installation, et le prix de revient de tout ce qui sert à son exploitation.

Frais d'installation.

	fr.	c.
Une pompe à manége.	1,500	»
Un grand tonneau pour recevoir l'eau.	15	»
Une grosse cannelle en cuivre y adaptée.	24	»
590 mètres de tuyaux de grès tout posés.	590	»
40 tonneaux à 12 fr. l'un.	480	»
40 cannelles à 11 fr. l'une.	440	»
Un cheval.	400	»
Harnais.	140	»
Charrette non suspendue. . . .	450	»
4 paires d'arrosoirs en cuivre. . . .	120	»
3 bêches.	15	»
2 fourches.	8	»
2 pelles de bois.	1	50
1 chargeoir.	6	»
2 hottereaux.	12	»
2 râteaux.	3	»
2 ratissoires.	3	»
2 binettes.	3	»
1 cordeau.	2	»
2 plantoirs garnis en cuivre. . . .	3	50
Fumier, terreau et paillis.	2,017	98
Total.	6,233	98

Dépenses annuelles.

	fr.	c.
Loyer d'un hectare de terre dans la région de l'ouest.	1,157	»
Une fille toute l'année.	250	»
A reporter.	1,407	»

		fr.	c.
Report.		1,407	»
Deux garçons pendant les six mois d'été.		480	»
Un garçon pendant les six mois d'hiver.		156	»
Nourriture du maître, de la maîtresse, des garçons et des filles.		1,642	50
Nourriture du cheval.		821	25
Entretien du cheval (ferrure et maladies).		40	»
Comme approximativement un cheval ne dure pas plus de dix ans, il faut porter le dixième du prix d'achat aux dépenses annuelles.		40	»
Entretien des harnais.		45	»
—— de la charrette.		80	»
—— des outils.		25	»
Fumier pour engrais.		397	38
—— pour les couches.		405	10
—— court pour paillis		748	»
Total.		6,287	23

A ce chiffre il faudrait ajouter plusieurs autres sommes pour hommes de journée, achat de petites hottes, calais, mannes, paille à lier, etc., etc.; puis il faudrait aussi faire figurer les frais du ménage; mais, comme toutes ces dépenses sont très-variables, nous pensons qu'il suffit de les signaler.

2° Marais où l'on cultive les primeurs.

Pour indiquer la somme d'argent consacrée aux achats de fumier dans un établissement où l'on fait des primeurs, nous prendrons pour exemple un marais d'un demi-hectare, contenance moyenne des marais de Paris, où l'on cultive presque toujours simultanément des primeurs et de la pleine terre ; nous dirons aussi que, dans le plus grand nombre de ces marais, on trouve rarement plus de 400 à 500 panneaux de châssis et plus de 3,000 cloches.

En prenant le nombre le moins élevé de panneaux, nous trouvons qu'il faut, aujourd'hui que le fumier est fort cher, pour 3 fr. 90 cent. de fumier par panneau, et, en prenant 10 cloches pour représenter un panneau, il en résulte qu'on emploie dans un établissement d'un demi-hectare, où il y a 400 panneaux et 3,000 cloches, pour 2,780 fr. de fumier par an. Sur quoi nous déduirons un septième pour la vente du terreau ; reste net, 2,383 francs.

Les maraîchers achètent le fumier de cheval au mois et à un prix déterminé par cheval ; mais il a subi une augmentation vraiment extraordinaire ; car le fumier d'un cheval, qui se vendait autrefois 2 fr. 50 c. par mois, se vend aujourd'hui 4 fr. 50 c.

Nous ne parlerons pas du prix de l'engrais employé pour la portion où se trouvent les cultures de pleine terre ; car, d'une part, comme les couches à Melons sont changées de place chaque année, il est inutile de fumer le sol sur lequel elles étaient établies l'année précédente ; puis les débris de couches, le nettoyage des chemins où l'on passe avec le fumier, et les ordures du jardin, après qu'elles sont consommées, tout cela réuni suffit largement pour fumer le terrain.

Le nombre de personnes employées à la culture d'un demi-hectare de terrain cultivé comme nous venons de le dire se compose, indépendamment du maître et de la maîtresse, d'une fille et de deux garçons pendant toute l'année.

Nous allons maintenant indiquer non-seulement les dépenses annuelles, mais encore le prix de revient de tout ce qui sert à l'exploitation d'un marais où l'on cultive simultanément des primeurs et de la pleine terre.

Frais d'installation.

	fr.	c.
Un pompe à manége.	1,500	»
Un grand tonneau pour recevoir l'eau.	15	»
Une grosse cannelle en cuivre y adaptée.	24	»
295 mètres de tuyaux tout posés. . .	295	»
20 tonneaux à 12 fr. l'un.	240	»
20 cannelles de cuivre à 11 fr. . . .	220	»
Un cheval.	400	»
Harnais.	140	»
Charrette suspendue.	650	»
400 panneaux de châssis avec leurs coffres, à 1,350 fr. le cent.	5,400	»
3,000 cloches à 80 fr. le cent. . . .	2,400	»
700 paillassons à 55 fr. le cent. . .	385	»
3 paires d'arrosoirs en cuivre. . . .	90	»
3 bêches.	15	»
2 fourches.	8	»
2 pelles en bois.	1	50

A reporter. 11,783 »

	fr.	c.
Report. 11,783	11,783	»
2 râteaux.	3	»
Une paire de crochets pour relever les coffres.	4	5o
4oo petits crochets pour tenir les panneaux lorsqu'ils ont de l'air.	24	»
Une binette	1	5o
Une ratissoire.	1	5o
Un chargeoir.	6	»
Deux hottereaux.	12	»
Un cordeau.	2	»
2 plantoirs garnis en cuivre.	3	5o
25 manettes à 75 cent. l'une.	18	75
Fumier pour les couches.	2,780	»
Total.	14,639	75

Dépenses annuelles.

	fr.	c.
Loyer d'un demi-hectare de terrain dans la région de l'est.	847	5o
Une fille toute l'année.	25o	»
Deux garçons pendant les 6 mois d'été.	48o	»
Deux garçons pendant les 6 mois d'hiver.	312	»
Nourriture du maître, de la maîtresse, des garçons et des filles.	1,825	»
Entretien du cheval.	4o	»
Le dixième du prix du cheval.	4o	»
Nourriture du cheval	821	25
Entretien des harnais.	45	»
A reporter.	4,660	75

fr.   c.

		fr.	c.
Report.		4,660	75
Entretien de la charrette.		80	»
— des outils.		25	»
Les 400 panneaux avec leurs coffres coûtent 5,400 fr. Comme ces panneaux ne durent pas plus d'une quinzaine d'années, il faut porter le quinzième de cette somme aux dépenses annuelles.		360	»
Comme les paillassons ne durent guère plus de deux ans, on est obligé d'en renouveler la moitié chaque année, ce qui fait.		192	50
Fumier pour les couches, le septième déduit.		2,383	»
Total.		7,701	25

Et, comme dans les marais de l'autre classe, des dépenses de toutes sortes, dont il nous est impossible d'indiquer le chiffre.

PRODUIT D'UN JARDIN MARAICHER

De la contenance d'un hectare, où, excepté quelques couches en plein air, l'on ne fait que des cultures de pleine terre.

10 Couches sur lesquelles on sème des Radis et des Carottes vers la fin de février. Dans la seconde quinzaine d'avril on récolte environ 480 bottes de Radis (à trois poignées par botte), que l'on vend

	fr.	c.
5o cent. la botte ; les 48o.	240	»
Les Carottes sont bonnes à récolter dans la seconde quinzaine de mai ; on en récolte environ 4oo bottes, que l'on vend 5o cent. la botte ; les 4oo.	200	»
Aussitôt après la récolte des Carottes on plante un rang de Cornichons sur le milieu de chaque couche. On commence la récolte des Cornichons environ six semaines après la plantation, et l'on continue successivement jusqu'en septembre. Le produit des 1o couches est d'environ. . . .	600	»
Vers la fin de juin on plante deux rangs de Choux-fleurs sur chaque couche ; on en plante 36 par rang, ce qui fait 72o Choux-fleurs, qui sont bons à récolter en automne. On les vend par voie de 3, ce qui produit 24o voies, que l'on vend 9o cent. l'une ; les 24o.	216	»

A reporter. 1,256 »

	fr.	c.	fr.	c.
Report.	1,256	»		
Produit de 10 couches en plein air pendant 1 an. .	1,256	»	1,256	»

Les couches occupent une superficie d'environ 392 mètres; il reste une costière de 168 mètres de long. sur 2 mètres 33 cent. de larg., et 160 planches de 24 mètres de long. sur 2 mètres 33 cent. de largeur.

Costière. — En février on sème des Carottes; dans la première quinzaine de juin on en récolte environ 700 bottes, que l'on vend 35 cent. l'une; soit, les 700 bottes.   245   »

Dans la seconde quinzaine de février ou dans la première quinzaine de mars on plante des Romaines vertes dans les Carottes. On plante 12 rangs de Romaines à 35 cent. sur la ligne, ce qui fait 5,760 Romaines, ou 1,440 bottil-

A reporter.	245 »	1,256 »

	fr.	c.	fr.	c.
Report.	245	»	1,256	»

lons, que l'on vend, dans le courant de mai, à raison de 20 cent. l'un; les 1,440 bottillons.   288   »

Aussitôt après la récolte des Carottes on sème des Radis noirs, que l'on vend pendant l'hiver; on en récolte environ 437 douzaines, que l'on vend 40 cent. la douzaine; les 437 douzaines   174   80

Produit d'une costière pendant 1 an.   707   80   707   80

20 Planches de Choux, plantés dans la première quinzaine de février. On plante 9 rangs par planche et 50 par rang; ce qui fait 9,000 Choux, qui sont bons à récolter dans la première quinzaine de juin. On les vend 7 fr. le cent; les 9,000 produisent.   630   »

Après la récolte des Choux on plante de la Chicorée. On plante 10 rangs par

A reporter.	630	»	1,963	80

	fr.	c.	fr.	c.
Report.	63o	»	1,963	8o

planche et 36 par rang, ce qui fait 7,2oo Chicorées, que l'on récolte vers la fin d'août, et que l'on vend par calais de 12 ; ce qui produit 6oo calais, que l'on vend 4o cent. le calais ; les 6oo calais. . . .   24o   »

Dans les premiers jours de juillet on contre-plante 3 rangs de Choux-fleurs dans chaque planche de Chicorée. On en plante 36 par rang, ce qui fait 2,16o Choux-fleurs, qui sont bons à récolter dans les premiers jours de septembre. On les vend par voie de 6 , ce qui fait 359 voies, dont chacune se vend 9o cent. ; les 359 voies.   323   1o

Dans la première quinzaine de septembre on sème des Epinards pour récolter pendant l'hiver et au printemps ; on en récolte environ 55 paquets par planche, ce qui fait 1,1oo pa-

| *A reporter.* | 1,193 | 1o | 1,963 | 8o |

	fr.	c.	fr.	c.
Report.	1,193	10	1,963	80

quets, que l'on vend en moyenne 20 cent. le pa-quet ; les 1,100 paquets à 20 cent., soit. . . . . . 220 »

Produit de 20 planches pen-dant 1 an. 1,413 10 1,413 10

20 Planches de Carottes se-mées en février produisent dans la seconde quinzaine de juin environ 2,000 bot-tes, que l'on vend 20 cent. l'une ; les 2,000 bottes. . 400 »

Dans la première quinzaine de mars on plante 8 rangs de Romaines dans chaque planche de Carottes, à 50 par rang ; ce qui fait 8,000 Romaines, que l'on vend dans la première quinzaine de juin, par botte de 32 ; ce qui produit 250 bottes, que l'on vend 1 fr. 50 c. la botte ; les 250. . . . . . 375 »

Aussitôt après la récolte des Carottes on plante de la Chicorée ; on plante 10 rangs de Chicorée par

A reporter. 775 » 3,376 90

	fr.	c.	fr.	c.
Report.	775	»	3,376	90

planche et 36 par rang; ce qui fait 7,200 Chicorées, que l'on récolte en octobre et que l'on vend par calais de 12 ; ce qui produit 600 calais, que l'on vend 40 c. l'un ; les 600 calais. . . 240 »

Dans la seconde quinzaine de septembre on sème des Mâches dans la Chicorée ; en février on en récolte environ 20 calais par planche, ce qui fait 400 calais, que l'on vend 40 cent. le calais ; les 400. . . . . . 160 »

Produit de 20 planches pendant 1 an. . . . . 1,175 » 1,175 »

20 Planches d'Oignons blancs repiqués dans la seconde quinzaine d'octobre. On repique 30 rangs par planche et 240 par rang ; ce qui produit environ 2,000 bottes d'Oignons, que l'on vend, dans la première quinzaine de juin, à raison de 20 c. la botte; les 2,000. 400 »

	fr.	c.	fr.	c.
A reporter.	400	»	4,551	90

	fr.	c.	fr.	c.
Report.	400	»	4,551	90

Aussitôt après la récolte des Oignons on plante de la Romaine. On plante 8 rangs par planche et 50 par rang, ce qui fait 8,000 Romaines, que l'on vend, dans les premiers jours d'août, par botte de 32 ; ce qui produit 250 bottes, que l'on vend 1 fr. 50 c. l'une ; les 250 bottes. . . . . . . **375** »

Une quinzaine de jours après la plantation des Romaines on contre-plante 7 rangs de Scarole dans chaque planche, à 36 par rang, ce qui fait 5,040 Scaroles, que l'on vend, dans le courant de septembre, à raison de 75 c. la douzaine, soit. **315** »

En septembre on sème des Mâches dans la Scarole ; vers la fin de février ou dans les premiers jours de mars on en récolte environ 20 calais par planche, ce qui fait 400 calais, que l'on vend 40 c. l'un ; les 400 calais. **160** »

	fr.	c.	fr.	c.
A reporter.	1,250	»	4,551	90

	fr.	c.	fr.	c
Report.	1,250	»	4,551	90

Produit de 20 planches pendant un an. . . . . 1,250 » 1,250 »

20 Planches de Chicorées plantées au 15 avril. On plante 10 rangs par planche et 36 par rang, ce qui fait 7,200 Chicorées, que l'on récolte dans la seconde quinzaine de juin et que l'on vend par calais de 12; ce qui produit 600 calais, que l'on vend 40 c. l'un; les 600 calais. . . . . .   240 »

Vers le 20 mai, on contre-plante 6 rangs de Chicorées dans chaque planche de Chicorée, à 36 par rang, ce qui fait 4,320 Chicorées, que l'on vend dans la seconde quinzaine de juillet, comme la première, par calais de 12; ce qui produit 359 calais, à 40 c. l'un; les 359 calais. . . .   143 60

Dans la première quinzaine de juin on contre-plante 3 rangs de Choux-fleurs

A reporter. 383 60 5,801 90

	fr.	c.	fr.	c.
Report.	383	60	5,801	90

dans chaque planche de Chicorée, à 36 par rang; ce qui fait 2,160 Choux-fleurs, qui sont bons à récolter vers la fin d'août; on les vend par voie de 6, ce qui fait 359 voies, que l'on vend 90 c. la voie. .   323 10

Aussitôt après la récolte des Chicorées on contre-plante 2 rangs de Choux-fleurs par planche, à 36 par rang; ce qui fait 1,440 Choux-fleurs que l'on vend en automne par voie de 6; ce qui produit 239 voies, que l'on vend, comme les premiers, 90 c. la voie; les 239 voies à 90 cent. font. 215 10

Vers la fin de septembre on sème des Mâches dans les Choux-fleurs; dans le courant de mars on en récolte environ 20 calais par planche, ce qui fait 400 calais, que l'on vend 40 c. l'un; les 400 calais.   160   »

A reporter.   1,081 80   5,801 90

3.

	fr.	c.	fr.	c.
Report.	1,081	80	5,801	90

Produit de 20 planches pendant un an. 1,081 80 1,081 80

20 Planches de Poireau de printemps repiqué vers la fin de mars. On repique 40 rangs de Poireau par planche et 480 par rang, ce qui produit environ 100 bottes par planche, que l'on vend dans le courant de juin à raison de 40 c. l'une; les 2,000 bottes à 40 c. . . . . 800 »

Après la récolte du Poireau on plante de la Chicorée. On plante 10 rangs par planche de Chicorée et 36 par rang, ce qui fait 7,200 Chicorées, que l'on récolte vers la fin d'août et que l'on vend par calais de 12; ce qui produit 600 calais, que l'on vend 40 c. l'un; les 600 calais. . . . . . 240 »

Dans la seconde quinzaine de juillet on contre-plante 3 rangs de Choux-fleurs

A reporter. 1,040 » 6,883 70

	fr.	c.	fr.	c.
Report.	1,040	»	6,883	70

dans chaque planche de Chicorée. On en plante 36 par rang, ce qui fait 2,160 Choux-fleurs, que l'on vend en automne par voie de 6; ce qui fait 359 voies, dont chacune se vend 90 c.; les 359 voies 323 10

Produit de 20 planches pendant un an. 1,363 10   1,363 10

20 Planches de Laitues rouges plantées dans les premiers jours d'avril. On plante 10 rangs par planche et 36 par rang, ce qui fait 7,200 Laitues, que l'on récolte dans la seconde quinzaine de mai, et que l'on vend à raison de 3 fr. 50 c. le cent; les 7,200. . . 252 »

Dans la première quinzaine de mai on contre-plante 3 rangs de Choux-fleurs dans chaque planche de Laitues, à 36 par rang, soit 2,160 Choux-fleurs, que l'on récolte dans la

A reporter.   252   »   8,246 80

	fr.	c.	fr.	c.
Report.	252	»	8,246	80

seconde quinzaine de juillet ou dans la première quinzaine d'août, et que l'on vend par voie de 6; ce qui fait 359 voies dont chacune se vend 90 cent.; les 359 voies. 323 10

Après la récolte des Choux-fleurs on plante de la Laitue grise. On plante 10 rangs par planche et 36 par rang, ce qui fait, comme ci-dessus, 7,200 Laitues, que l'on vend, vers la fin de septembre, à raison de 3 fr. 50 c. le cent; les 7,200 . . . . . . 252 »

Vers le 15 août on contre-plante de la Chicorée dans la Laitue. On plante 10 rangs par planche et 36 par rang, ce qui fait 7,200 Chicorées, que l'on vend vers la fin d'octobre par calais de 12; ce qui produit 600 calais, que l'on vend 40 centimes l'un; les 600 calais. . . . . . 240 »

	fr.	c.	fr.	c.
A reporter.	1,067	10	8,246	80

	fr.	c.	fr.	c.
Report.	1,067	10	8,246	80

Aussitôt après la récolte des Laitues grises on sème des Mâches dans la Chicorée. Vers la fin de l'hiver on en récolte environ 20 calais par planche; ce qui fait 400 calais, que l'on vend 40 cent. le calais; les 400 . . . . 160 »

Produit de 20 planches pendant un an. 1,227 10   1,227 10

20 Planches de Radis roses semés dans la seconde quinzaine de mars. Ces Radis sont bons à récolter vers le 1er mai; on en récolte environ 80 bottes par planche; ce qui fait 1,600 bottes, que l'on vend 15 centimes l'une; les 1,600 bottes. . . . . . . 240 »

Après la récolte des Radis on plante de la Chicorée de deux en deux planches, à 11 rangs par planche et 36 par rang; ce qui fait 3,960 Chicorées, que l'on

| *A reporter.* | 240 | » | 9,473 | 90 |

	fr.	c.	fr.	c.
Report.	240	»	9,473	90

récolte dans la première quinzaine de juillet et que l'on vend par calais de 12; ce qui produit 330 calais, que l'on vend 40 cent. le calais . . . . 132 »

Dans les premiers jours de juillet on contre-plante 11 rangs de Céleri dans chaque planche de Chicorée, ce qui fait 3,960 pieds de Céleri, qu'on fait blanchir dans les planches intermédiaires, et que l'on vend, vers la fin de novembre, par botte de 6; ce qui fait 660 bottes, que l'on vend à raison de 20 c. la botte. . . . . . 132 »

A l'époque ci-dessus indiquée, c'est-à-dire aussitôt après la récolte des Radis, on plante de la Chicorée dans les planches intermédiaires; on plante 7 rangs de Chicorées par planche, à 36 par rang, soit 2,520 Chicorées, que l'on vend,

	fr.	c.	fr.	c.
A reporter.	504	»	9,473	90

	fr.	c.	fr.	c.
Report.	504	»	9,473	90

dans la première quinzaine d'août, par calais, à 40 cent. l'un; les 210. . | 84 | »

Indépendamment des Chicorées, on plante 3 rangs de Choux-fleurs dans chaque planche, à 36 par rang, ce qui produit 1,080 Choux-fleurs, que l'on vend, dans les premiers jours de septembre, par voie de 6; ce qui fait 180 voies, dont chacune se vend 90 cent.; les 180 voies. . . . . . . | 162 | »

Produit de 20 planches pendant un an. . . . . . . | 750 | » | 750 | »

10 Planches d'Oseille semée dans la première quinzaine de mars. On estime que le produit de ces 10 planches pendant une année a été de 800 fr.; ci. . . . . . | | | 800 | »

10 Planches de Choux plantés en février. On plante 9 rangs par planche et 50 par rang, ce qui fait 4,500 Choux qui sont bons à ré-

A reporter. 11,023 90

	fr.	c.	fr.	c.
Report.	11,023	90		

colter dans le courant de juin, et que l'on vend à raison de 7 fr. le cent. ; les 4,500, soit. . . . .   3 15   »

Après la récolte des Choux on repique du Poireau ; on repique 25 rangs par planche, à 240 par rang, ce qui produit 60,000 Poireaux que l'on vend, dans le courant de l'automne et pendant l'hiver, par bottes de 25 ; ce qui fait 2,400 bottes, à 10 cent. la botte ; les 2,400.   240   »

Produit de 10 planches pendant un an.   555   »   555   »

Total général.   11,578   90

PRODUIT D'UN JARDIN MARAICHER

De la contenance d'un demi-hectare, dans lequel on fait simultanément des primeurs et de la pleine terre, et où il est employé 400 panneaux de châssis et 3,000 cloches.

135 Panneaux de Carottes courtes, semées vers le 15 décembre, sont bonnes à récolter dans les premiers jours d'avril ; on en fait environ 3 bottes par panneau ; à 75 c. la botte, on a 2 fr. 25 c. par

	fr.	c.
panneau ; les 135. . . .	3o3	75

Dans la seconde quinzaine
de décembre on plante
3o Laitues petite noire
dans chaque panneau de
Carottes ; elles sont bonnes à récolter vers la fin
de février. On en met
10 par calais, ce qui fait
3 calais par panneau, à
6o c. le calais, soit 1 fr.
8o c. par panneau ; les
135 panneaux. . . . 243 »

Après la récolte des Laitues
on replace les panneaux
sur des Melons qu'on
plante dans la première
quinzaine de mars ; on les
récolte dans la première
quinzaine de juin, et on
estime que chaque pan-
neau peut produire 5 fr. ;
les 135. . . . . . . 675 »

Dans la seconde quinzaine
de juin on plante 3 Choux-
fleurs par panneau sur
le milieu de la couche ;
ces Choux - fleurs sont
bons à récolter vers la fin

A reporter. 1,221 75

	fr.	c.	fr.	c.
Report.	1,221	75	»	»

d'août; on en met 3 par voie, et on les vend à 90 c. la voie, ce qui fait pour les 135 panneaux.   121   5o

Dans les premiers jours de juillet on plante des Chicorées dans les Choux-fleurs; elles sont bonnes à récolter vers la fin de septembre; on en met 12 par calais, ce qui fait environ 2 calais 1/2 par panneau; à 4o c. le calais, les 135 panneaux produisent. .   135   »

Dans la Chicorée on sème des Mâches en février; on en récolte environ 1 calais par panneau; à 4o c. le calais, les 135 panneaux produisent.   .   54   »

Produit de 135 panneaux pendant un an.   .   .   .   1,532   25   1,532   25

132 Panneaux de Laitues petite noire plantées dans les premiers jours de janvier sont bonnes à récolter dans les premiers

A reporter.   1,532   25

	fr.	c.	fr.	c.
Report. . . .			1,532	25

jours de mars; à 30 par panneau, on fait 3 calais par panneau; à 75 c. le calais, les 132 panneaux produisent. . . . . . 297 »

Vers le 15 janvier on plante des Choux-fleurs dans les Laitues; on en met 6 par panneau; ils sont bons à récolter vers la fin d'avril; on en met 3 par voie, ce qui fait 2 voies par panneau; à 1 fr. 50 c. la voie, les 132 panneaux. . . . . . . 396 »

Aussitôt après la récolte des Laitues petite noire on plante des Laitues gotte, que l'on récolte dans la première quinzaine d'avril; on en met 30 par panneau, ce qui fait 3 calais par panneau; à 30 c. le calais, soit 90 c. le panneau, ou les 132. . 118 80

Vers la fin de mars on reporte les panneaux sur des Melons, qui produi-

	fr.	c.	fr.	c.
A reporter.	811	80	1,532	25

	fr.	c.	fr.	c.
Report.	811	80	1,532	25

sent dans la seconde quinzaine de juin environ 4 fr. 5o c. par panneau; les 132 panneaux. . . . **594 »**

Dans la seconde quinzaine de juin on plante 3 Choux-fleurs par panneau sur le milieu de la couche; on les récolte dans les premiers jours de septembre; on en met 3 par voie, et on les vend 9o c. la voie, ce qui fait pour les 132 panneaux. . . **118 80**

Dans la première quinzaine de juillet on plante de la Scarole dans les Choux-fleurs; on en met environ 12 par panneau, que l'on récolte dans les premiers jours d'octobre et que l'on vend 75 c. la douzaine; les 132. . . . **99 »**

Dans la Scarole on sème des Mâches en février; on en récolte environ 1 calais par panneau, à 4o c. le calais; les 132 panneaux

	fr.	c.	fr.	c.
A reporter.	1,623	6o	1,532	25

	fr.	c.	fr.	c.
Report.	1,623	60	1,532	25
produisent.		52	80		
Produit de 132 panneaux pendant un an. . . .	1,676	40	1,676	40

132 Panneaux d'Oseille plantée en décembre. La récolte, étant terminée en février, a produit 2 fr. 50 c. par panneau; les 132 panneaux. . . . — 330 »

Après la récolte de l'Oseille on retourne la couche et l'on plante de la Chicorée fine; on en met 40 par panneau; elle est bonne à récolter vers la fin d'avril; on en met 5 ou 6 par botte, ce qui fait 7 bottes par panneau, à 35 c. la botte, soit 2 fr. 45 c. par panneau; les 132 panneaux. . . . — 323 40

Vers la fin de mars on reporte les panneaux sur des Melons qui produisent dans la seconde quinzaine de juin environ 4 fr. 50 c. par panneau; les

	fr.	c.	fr.	c.
A reporter.	653	40	3,208	65

	fr.	c.	fr.	c.
Report.	653	4o	3,2o8	65

132 panneaux. . . . 594 »

Dans la seconde quinzaine de juin on plante 3 Choux-fleurs par panneau sur le milieu de la couche; on récolte dans les premiers jours de septembre; on en met 3 par voie, et on les vend 90 c. la voie, ce qui fait pour les 132 panneaux. 118 8o

Dans la première quinzaine de juillet on plante de la Chicorée dans les Choux-fleurs; elle est bonne à récolter dans les premiers jours d'octobre; on en met 12 par calais, ce qui fait environ 2 calais 1/2 par panneau, à 4o c. l'un; les 132 panneaux produisent. . . 132 »

Dans la Chicorée on sème des Mâches en février; on en récolte environ 1 calais par panneau; à 4o c. l'un, les 132 panneaux produisent. . . 52 8o

	fr.	c.	fr.	c.
A reporter.	1,551	»	3,2o8	65

	fr.	c.	fr.	c.
Report.	1,551	»	3,208	65
Produit de 132 panneaux pendant un an. . . .	1,551	»	1,551	»

1,000 Cloches employées pour élever des plants de Laitues ou de Romaines. Après avoir réservé la quantité de plants nécessaire aux besoins de l'établissement, on peut en vendre pour environ 200 fr., ci.   200   »

Dans la seconde quinzaine de février on prépare des couches, et dans les premiers jours de mars on plante 4 Laitues et une Romaine sous chaque cloche, ce qui produit 400 calais de Laitue à 60 c. le calais. . . .   240   »

Et 250 bottillons de Romaine, à 30 c. le bottillon.   75   »

La récolte des Laitues et Romaines étant terminée vers la fin d'avril, on retourne les couches et l'on plante des Melons à cloches; on peut en placer

A reporter.	515	»	4,759	65

	fr.	c.	fr.	c.
Report.	515	»	4,759	65
500; produit, à 1 fr. le pied.	500	»		
1,000 Cloches sous lesquelles on plante une Romaine vers le 20 février et 4 Chicorées dans les premiers jours de mars; aussitôt que la température le permet, on plante une Romaine entre chaque cloche; le tout produit 500 bottillons de Romaines, à 30 c. le bottillon.	150	»		
Et environ 666 bottes de Chicorée, à 35 c. la botte.	233	10		
1,000 Cloches employées sur la Romaine plantée sur terre en février, à 3 par cloche, soit 750 bottillons, à 30 c. le bottillon.	225	»		
Après la récolte des Carottes, Laitues, Romaines, Chicorées, à châssis et à cloches, on retourne les couches pour planter des Melons à cloches, et l'on fait le nombre de couches				
A reporter.	1,623	10	4,759	65

	fr.	c.	fr.	c.
Report.	1,623	10	4,759	65

à tranchée nécessaire pour utiliser les 2,500 cloches dont on peut disposer, ce qui produit, à 1 fr. le pied. . . . . . 2,500 »

Produit de 3,000 cloches pendant un an. . . . 4,123 10   4,123 10

Comme c'est seulement dans le courant de mai que l'on fait des couches neuves pour utiliser le surplus des cloches qu'on ne peut pas placer sur les anciennes couches, avant cette époque, on a planté 12 planches de Choux sur l'emplacement où l'on fait les couches; 12 planches de Choux à 9 rangs par planche, et à 50 par rang, donnent 5,400 Choux, à 7 fr. le cent . .   378 »

Les couches occupent une superficie de 1,900 mètres; il reste donc une costière de 2 mètres 33 centimètres de largeur

	fr. c.	fr. c.
Report		9,260 75

sur 96 mètres de longueur, et 46 planches de 2 mètres 33 centimètres de largeur sur 24 mètres de longueur.

CostIère. — En février on sème les Carottes ; en juin on en récolte environ 400 bottes, que l'on vend 35 cent. la botte ; les 400 bottes. . . . . — 140 »

Vers la fin de février enfin, selon l'état de la température, on plante des Romaines vertes dans les Carottes. On plante 12 rangs de Romaines, à 35 centimètres sur la ligne, ce qui fait 3,288 Romaines ou 799 bottillons, que l'on vend, dans le courant de mai, à raison de 30 c. le bottillon. . — 239 70

Après la récolte des Carottes on sème des Radis noirs, que l'on vend en automne, et pendant l'hiver on en récolte environ

	fr. c.	fr. c.
A reporter.	379 70	9,260 75

	fr. c.	fr. c.
Report.	379 70	9,260 75
250 douzaines, que l'on vend 40 c. la douzaine; produit.	100 »	
Produit de la costière pendant un an.	479 70	479 70
10 Planches de Carottes que l'on sème en février. Dans la seconde quinzaine de juin on en récolte environ 1,000 bottes, que l'on vend 20 c. la botte; produit. . .	200 »	
Dans les premiers jours de mars on plante de la Romaine dans les Carottes. On plante 8 rangs par planche et 50 par rang, ce qui fait 4,000 Romaines, que l'on vend dans la première quinzaine de juin par botte de 32, ce qui produit 125 bottes, à 1 fr. 50 c. l'une. . .	187 50	
Après la récolte des Carottes on plante de la Chicorée; on plante 10 rangs par planche et 36 par		
A reporter.	387 50	9,740 45

	fr.	c.	fr.	c.
Report.	387	50	9,740	45

rang, ce qui fait 3,600 Chicorées, que l'on récolte en octobre et que l'on vend par calais de 12 ; ce qui produit 300 calais, que l'on vend 40 c. le calais, soit. . . . 120 »

Dans la seconde quinzaine de septembre on sème des Mâches dans la Chicorée ; en février on en récolte environ 20 calais par planche, ce qui fait 200 calais, que l'on vend 40 c. l'un ; les 200. . 80 »

Produit de 10 planches pendant un an. 587 50   587 50

10 Planches Oignon blanc repiqué dans la seconde quinzaine d'octobre. On repique 30 rangs par planche et 240 par rang, ce qui produit environ 1,000 bottes d'Oignons, que l'on vend, dans les premiers jours de juin, à raison de 20 c. la botte,

A reporter 10,327 95

	fr.	c.	fr.	c.
Report.			10,327	95
soit.	200	»		

Après la récolte des Oignons on plante de la Romaine; on en plante 10 rangs par planche et 50 par rang, ce qui fait 5,000 Romaines, que l'on vend dans la première quinzaine d'août par botte de 32; ce qui fait 156 bottes, à 1 fr. 50 c. la botte. . . . . 234 »

Une quinzaine de jours après la plantation des Romaines on contre-plante 7 rangs de Scarole dans chaque planche de Romaine, ce qui fait 2,520 Scaroles, que l'on récolte dans le courant de septembre et que l'on vend 75 c. la douzaine; les 2,520 font 210 douzaines, à 75 c. 157 50

Dans la seconde quinzaine de septembre on sème des Mâches dans la Scarole; dans la seconde quinzaine de février ou

	fr.	c.	fr.	c.
A reporter.	591	50	10,327	95

	fr.	c.	fr.	c.
Report.	591	50	10,327	95

dans la première quinzaine de mars on en récolte environ 20 calais par planche, ce qui fait 200 calais, que l'on vend 40 c. l'un; les 200.   80   »

Produit de 10 planches pendant un an. 671 50   671 50

20 Planches de Chicorées plantées vers le 15 avril. On repique 10 rangs par planche et 36 par rang, ce qui fait 7,200 Chicorées, que l'on vend dans la seconde quinzaine de juin par calais de 12, ce qui produit 600 calais; à 40 centimes, l'un. . .   240   »

Vers le 20 mai on contreplante 6 rangs de Chicorées dans chaque planche, et, comme précédemment, on en plante 36 par rang, ce qui fait 4,320 Chicorées, que l'on vend, dans la seconde quinzaine de juillet, à rai-

A reporter.	240	»	10,999	45

	fr.	c.	fr.	c.
Report.	240	»	10,999	45

son de 40 c. le calais ; les
4,320 Chicorées font 359
calais, à 40 centimes. 143 60

Dans la première quinzaine
de juin on plante 3 rangs
de Choux-fleurs dans cha-
que planche de Chicorée ;
on en plante 36 par rang,
ce qui fait 1,160 Choux-
fleurs, qui sont bons à récolter vers la fin d'août.
On les vend par voie de 3,
ce qui fait 359 voies, que
l'on vend 90 c. l'une ; les
359 voies. 323 10

Après la récolte des Chicorées on plante un rang de
Choux-fleurs entre cha-
que rang de Choux-fleurs,
ce qui fait 2 rangs par
planche, à 36 par rang,
soit 1,440 Choux-fleurs ;
on vend ces Choux-fleurs
pendant l'automne par
voie de 6, ce qui fait 239
voies, dont chacune se
vend 90 c. ; les 239 voies. . . 215 10

Vers la fin de septembre on

	fr.	c.	fr.	c.
A reporter.	921	80	10,999	45

	fr.	c.	fr.	c.
Report.	921	80	10,999	45

sème des Mâches dans les Choux-fleurs; en mars on en récolte environ 20 calais par planche, ce qui fait 400 calais, que l'on vend 40 c. l'un; les 200.   160 »

Produit de 20 planches pendant un an. 1,081 80   1,081 80

6 Planches de Poireaux de printemps, repiqués vers la fin de mars. On en repique 40 rangs par planche et 480 par rang, ce qui produit environ 100 bottes par planche, que l'on vend, dans le courant de juin, à raison de 40 c. la botte; soit. . . .   240 »

Après la récolte des Poireaux on plante de la Chicorée; on plante 10 rangs par planche et 36 par rang, ce qui fait 2,160 Chicorées, que l'on récolte vers la fin d'août, et que l'on vend par calais de 12, ce qui produit .

A reporter.   240 »   12,081 25

	fr.	c.	fr.	c.
Report.	240	»	12,081	25

179 calais que l'on vend
40 cent. le calais; soit. . — 71 60

Vers le 20 juillet on contre-
plante 3 rangs de Choux-
fleurs dans chaque plan-
che de Chicorée, à 36 par
rang, soit 648 Choux-
fleurs, qu'on récolte en
automne. On les vend par
voie de 6, ce qui fait 108
voies, que l'on vend 90 c.
la voie; les 108. . . — 97 20

Produit de 6 planches pen-
dant un an. . . . . — 408 80 — 408 80

Total général. . . . . . — 12,490 05

Après avoir fait connaître les dépenses annuelles
et autres, nous avons pensé qu'il était indispensable de donner approximativement le produit de
chacun des marais dont nous avons indiqué les dépenses. Bien qu'en toutes circonstances nous ayons
pris la moyenne du prix de vente, nous ne prétendons pas dire que ces totaux soient le chiffre exact
du produit de chacun de ces marais, car d'un jour à
l'autre le prix d'une même espèce de marchandises
peut varier de moitié en plus ou en moins; ensuite
il faudrait, pour que ces totaux pussent être considérés comme étant le produit net, que l'année eût

été favorable à toutes les cultures, ce qui a rarement lieu. En effet, on peut admettre que sur trois années on en a une bonne, une médiocre et une mauvaise, ce qui nécessairement réduit le bénéfice des bonnes années. C'est donc seulement au bout de quelques années que le maraîcher peut se dire : « J'avais, il y a trois ans, une somme de...., j'ai maintenant tant; donc j'ai gagné tant. » Mais il lui serait impossible de désigner l'année qui lui a été la plus avantageuse ; car, pour se rendre compte tous les ans de sa position, il lui faudrait faire un inventaire du matériel qui sert à l'exploitation de son établissement, en défalquant une somme proportionnelle au prix et à la durée de chaque objet; ce qui n'a lieu dans aucun établissement.

Quant au produit brut de la vente des légumes apportés à la halle par les maraîchers de Paris, nous dirons qu'il n'est pas possible d'en évaluer le chiffre ; les assolements sont si variés qu'il faudrait ouvrir un compte pour chaque établissement; ce qui fait que tout ce qui pourrait être présenté à ce sujet serait toujours très-éloigné de la vérité.

Habitudes et manière d'être des maraîchers de Paris.

Nous croyons, avant d'entrer en matière, devoir faire connaître les hommes dont nous allons décrire les travaux. Peut-être les éloges que nous leur donnons sembleront-ils exagérés; mais que l'on descende jusque dans les détails de la vie privée de cette classe laborieuse, et l'on verra que nous sommes demeuré fidèle à la vérité, et que, si quelques exceptions viennent contredire la règle générale, elles sont rares et ne peuvent même pas répandre une ombre légère sur la vie pure et irréprochable des hommes qui n'ont pas failli aux traditions honorables que leur ont léguées leurs pères.

A l'époque où toutes les professions étaient divisées en maîtrises, les jardiniers formaient une communauté; celle des jardiniers de Paris remonte à 1473, date de leurs statuts les plus anciens. On remarque qu'à diverses époques, et surtout à chaque nouvel avénement, il y eut une nouvelle confirmation de ces statuts. En 1545 ils furent confirmés à son de trompe; Henri III les confirma en 1576; ils furent enregistrés au parlement; puis ils le furent successivement en 1599, en 1646, en 1654, en 1655, etc.

Les maraîchers avaient quatre jurés qui visitaient les marais deux fois l'an, afin de vérifier si l'on ne s'y servait pas, pour fumer les terres, d'immondices, de fiente de porcs ou de boues de Paris. Les apprentis étaient engagés pour quatre ans; ils servaient ensuite pendant deux ans comme compagnons et étaient obligés au chef-d'œuvre pour obtenir la maîtrise.

En 1776, époque où cette communauté fut supprimée, il y avait à Paris 1,200 maîtres. On les appelait maraîchers, maragers et préoliers; ce dernier nom appartenait exclusivement aux maîtres.

Alors les jardiniers étaient mal logés, mal vêtus; ils portaient à dos leurs légumes à la halle, et tiraient l'eau de leurs puits à la corde et à force de bras.

Bien que les frais d'établissement fussent loin d'être aussi élevés qu'aujourd'hui, ils vivaient péniblement ; c'est qu'alors, tout en travaillant beaucoup, ils étaient loin de tirer un aussi bon parti de leurs marais qu'on le fait à notre époque. Il est vrai que les connaissances nécessaires et les moyens de faire mieux leur manquaient, car ils n'avaient alors que peu de cloches et pas de châssis ; ce qui fait qu'après avoir semé et planté ils attendaient patiemment l'époque de la récolte. Cet état de choses dura jusqu'à ce que les succès obtenus dans les jardins royaux, où l'on forçait une grande quantité de légumes, vinssent exciter le zèle des maraîchers, et à partir de cette époque leur position s'améliora d'année en année. Aujourd'hui ils sont assurés, avec de l'intelligence et de l'assiduité, s'ils n'éprouvent pas de malheurs, de vivre honorablement, et, lorsque l'âge et les infirmités ne leur permettent plus de travailler, leurs économies leur procurent les moyens de subvenir à leurs besoins. Il est vrai de dire que, s'ils sont plus heureux qu'autrefois, c'est qu'ils travaillent avec plus d'intelligence. Tous sont dès leur plus tendre jeunesse habitués au travail. Nous ne blâmons pas les parents que leur position gênée met dans la nécessité de faire travailler leurs enfants dès l'âge de huit à dix ans ; mais nous désapprouvons la conduite de ceux qui, dans une position plus favorable, prétendent que, leurs enfants devant continuer leurs travaux, il leur suffit de savoir signer leur nom. Il est vrai de dire, pour atténuer ce reproche d'insouciance, que, s'ils ne sentent pas l'utilité de l'instruction pour leur jeune famille, ils lui transmettent par l'exemple les principes du travail, qui leur ont été inculqués à eux-mêmes par leurs parents.

Dès l'âge de dix à douze ans, le père, pour les encourager, leur abandonne le sentier des planches, ou bien un coin de terre où ils cultivent pour leur propre compte ce qui leur paraît le plus profitable. C'est là que, s'aidant de leur jeune expérience, ils mettent en pratique les méthodes qu'ils ont vues en usage chez leurs parents, et, comme ils entendent toujours parler d'économie, ils s'accoutument à ne pas dépenser inutilement le produit de la vente de leur petite culture.

On comprendra facilement qu'avec de tels principes il est rare que ces enfants ne deviennent pas de bons ouvriers.

Le premier soin du maraîcher qui songe à s'établir est de se marier ; car, plus que tout autre établissement, celui du maraîcher a besoin d'une femme pour prospérer : si l'homme cultive le marais et le fait produire, la femme seule sait tirer parti des récoltes. Mais les maraîchers ne vont guère chercher de femmes en dehors de leur profession ; ils choisissent toujours la fille d'un de leurs confrères ; il y a peu d'exemples qu'un mariage se soit fait autrement. En cela ils ont raison, car il faut être né dans cette profession pour en supporter les fatigues. On pourrait dire que les maraîchers ne forment qu'une seule et même famille ; aussi voit-on souvent jusqu'à quatre cents convives réunis pour fêter une solennité nuptiale. Après leur mariage, livrés tout entiers à leurs travaux, pour eux l'horizon ne s'étend pas au delà de leur jardin.

Dans un établissement maraîcher tout le monde se lève avant le jour. En été, les femmes partent à 2 heures du matin et en hiver à 4 heures pour aller vendre leurs produits au marché. Cette vente est terminée à 7 heures du matin en été et à 8 heures en hiver. En revenant elles apportent les provisions nécessaires aux besoins de la journée, et, une fois de retour à la maison, elles vont au jardin et commencent leurs travaux, qui consistent à sarcler les planches en culture, à cueillir ou à arracher les légumes qu'il faudra porter au marché le lendemain matin.

Dans toutes ces opérations les maîtresses se font aider par les filles. Ce travail, sans être précisément rude, est néanmoins pénible, car il les oblige d'être à genoux sur la terre pendant une bonne partie de la journée, et cela sans égard pour le temps ni pour la saison.

Aussitôt après le départ des femmes pour le marché, les hommes commencent leurs travaux. A 7 heures ils mangent un morceau de pain en travaillant, et à 9 heures tout le monde déjeûne.

En été ils se reposent une heure ou deux dans le milieu de la journée et dînent à 2 heures. Le maître et la maîtresse, les enfants, les filles et les garçons à gages mangent ensemble à la même table, ce qui rappelle les mœurs patriarcales; aussi trouve-t-on plus de moralité parmi les maraîchers que dans les autres classes laborieuses. Le maître ne traite jamais ses ouvriers avec hauteur ou dureté; sa conduite envers eux est généralement pleine de bienveillance. Après le dîner chacun reprend son travail, qui continue sans interruption jusqu'à l'heure du souper, qui a lieu à 10 heures en été et à 8 heures en hiver. Le soir les hommes arrosent, font des paillassons, transportent du terreau, des fumiers, etc.

Pendant ce temps les femmes rangent les légumes sur des hottes, dans des calais ou dans des mannes, suivant leur nature; après quoi on les charge dans la voiture, afin de n'avoir plus qu'à partir. Le lendemain on reprend les travaux au point où on les a laissés. A une journée d'un travail rude et assidu en succède une autre pareille; et ainsi se passe leur vie.

Le mariage d'un parent, le convoi d'un ami et la Saint-Fiacre sont les seules circonstances qui puissent les déterminer à quitter leurs travaux. Trop nombreux pour célébrer la Saint-Fiacre tous ensemble, ils se divisent en plusieurs confréries. Chaque confrérie a un règlement particulier; dans les unes on paye une cotisation annuelle, dans les autres les souscriptions sont facultatives. Chaque confrérie a un président, un ou deux marguilliers, qui sont élus pour un an, puis un trésorier. Le montant des cotisations ou des souscriptions est affecté aux frais d'une messe. Après la cérémonie chaque confrérie se réunit dans un banquet, suivi d'un bal, mais qui cesse aussitôt que sonne l'heure du départ pour la halle.

Une gaieté franche préside toujours à ces fêtes; on n'y voit jamais aucun désordre, aucun excès.

Malgré cette vie active et laborieuse, qui ne laisse, ni à l'esprit le temps de se distraire, ni au corps le

loisir du repos, les maraîchers ne cessent ordinairement de travailler qu'à un âge fort avancé ; aussi ne
voit-on jamais ni vieux maraîcher ni vieille maraîchère
avoir recours à la charité publique, comme il y en a
tant d'exemples dans beaucoup d'autres classes laborieuses. Ce n'est pas, cependant, que tous puissent
se mettre à l'abri du besoin pour leurs vieux jours ;
mais ils sont tellement accoutumés à travailler qu'ils
ne conçoivent pas qu'on puisse vivre autrement.
Ceux qui n'ont pu faire d'économies sont recueil-
lis chez leurs enfants, qu'ils aident encore de
leurs conseils, fondés sur une longue expérience ;
ceux qui n'ont pas d'enfants (ce qui est extrêmement
rare) vont, pour un faible salaire, offrir leurs services à leurs confrères plus heureux, et ceux-ci se
font toujours un devoir de les recueillir et de les occuper suivant leurs forces.

L'isolement complet dans lequel ils vivent n'a
pas peu contribué au manque total de documents
sur leurs travaux ; car on peut les dire entièrement
étrangers à la ville qu'ils habitent, à leur quartier
même, tant leur activité est concentrée dans l'étroit
espace de leurs marais.

CHAPITRE III.

Analyse des terres.

En traitant cette question au point de vue horticole, nous nous serions borné à dire que le sol des
marais de Paris se compose de deux natures de
terres, l'une connue sous le nom de *terre forte*,
l'autre sous celui de *terre légère*. Les terres fortes
sont argileuses, contiennent plus ou moins de
chaux, du sable et généralement peu d'humus. Les
terres légères ne contiennent pas ou presque pas
d'argile; elles sont sablonneuses ou calcaires, selon
les proportions de sable ou de chaux qui en font
partie. Mais, comme ces renseignements n'auraient
véritablement présenté qu'un bien mince intérêt,
nous avons eu recours au talent de M. Poinsot, pré-
parateur du cours de chimie de M. Payen, qui a
bien voulu se charger de nous donner une analyse
scientifique de ces terres. Nous nous en félicitons
d'autant plus que, ce travail ayant eu lieu dans le

laboratoire de M. Payen, au Conservatoire des Arts et Métiers, cette circonstance a permis au savant professeur de suivre cette opération délicate ; aussi prions-nous ces Messieurs de recevoir ici l'expression de notre reconnaissance

Afin de suivre l'ordre précédemment adopté pour la partie statistique, nous avons pris plusieurs échantillons de terre dans chacune des quatre régions que nous avons établies, de manière à représenter exactement la nature des principaux marais de Paris.

Première opération.

Pour déterminer la quantité de matière organique contenue dans chacune de ces terres, nous en avons desséché une partie, et, le produit ayant été incinéré, nous avons obtenu les résultats suivants :

Matière organique pour 100 parties de terre sèche.

| Est, | 14,80. | Nord, | 14,42. |
| Ouest, | 11,22. | Sud, | 10,67. |

Deuxième opération.

Examen de la composition minérale des terres.

La composition minérale de ces terres varie peu ; toutes contiennent une certaine quantité de sable, des sels alcalins solubles, une assez grande quantité

de carbonate de chaux, un peu de phosphate terreux et de l'oxyde de fer.

Le carbonate de chaux et le phosphate terreux
sont plus abondants dans les terres du sud et du nord
que dans les deux autres; elles contiennent toutes un
peu de magnésie.

Troisième opération.

Lavage.

Pour cette opération, 100 parties de terre sèche
ont donné :

	EST.	OUEST.	NORD.	SUD.
Substances sableuses.	55,56	88,19	84,93	64,14
— limoneuses ou humus. .	44,44	11,81	15,07	35,86
	100,00	100,00	100,00	100,00

Quatrième opération.

En traitant à froid par l'eau distillée une certaine
quantité de chaque terre, l'eau dissout une grande
quantité de sels alcalins, quelques sels terreux, et un
peu de matière organique.

100 grammes de chaque échantillon ont été lavés
successivement par 2 demi-litres d'eau distillée ;
le liquide provenant de ces lavages a été filtré, puis
évaporé à sec sans calcination.

Le résidu sec a été pesé, puis incinéré, afin de déterminer la proportion de substance organiques. Le liquide provenant du lavage de ces terres exerce une réaction faiblement acide ; mais par l'ébullition cette réaction acide disparaît, et fait place à une réaction alcaline, ce qui prouve que la réaction acide est produite par l'acide carbonique.

Matière soluble dans l'eau pour 100 parties de terre sèche.

Est,   0,457.   Nord,   0,841.
Ouest, 0,477.   Sud,   0,103.

100 parties de la matière soluble dans l'eau soumise à la calcination ont perdu :

Est,   15,03.   Nord,   21,78.
Ouest, 23,28.   Sud,   25,27.

Cette matière soluble calcinée contient pour toutes ces terres une assez grande quantité de carbonate de chaux.

La quantité de substances solubles à froid que renferme une terre doit avoir une grande influence sur sa fertilité, puisque les plantes ne doivent absorber que les matières solubles présentant alors une division qui leur permet d'être absorbée par les vaisseaux capillaires des racines.

On peut dire que dans chacune des terres analysées la quantité de substances solubles est environ le double de celles que donnent les terres labourables de bonne qualité.

Les proportions de matières organiques sont aussi beaucoup plus abondantes que dans ces dernières.

Comme les terres des marais de Paris doivent encore une partie de leur fertilité à la grande quantité d'azote qu'elles contiennent, nous croyons nécessaire, pour compléter l'intérêt que peut présenter notre travail, d'indiquer la proportion d'azote trouvée dans les terres ci-dessus analysées :

```
Azote pour 100 parties de terre sèche. . . .   0,497
Azote pour 100 p. de matière organique. .    4,880
```

La proportion de substances azotées est considérablement plus forte que dans les terres labourables.

Bien que les maraîchers se préoccupent généralement peu de connaître la constitution chimique du sol de leurs marais, nous espérons que beaucoup de nos lecteurs nous sauront gré de leur avoir donné une analyse exacte de la terre des marais de Paris, réputés les plus productifs de la France, nous pourrions même dire de l'Europe. D'après l'analyse de ces terres, on voit que les substances qui les composent varient seulement sous le rapport des proportions. On reconnaît aussi que les marais de l'est, réputés pour leur fertilité et leur précocité, ne doivent pas ces avantages uniquement à leur position ; car la terre qui les compose est celle qui contient la plus grande quantité d'humus, ce qui fait que sur d'autres points l'on peut espérer d'arriver au même résultat par l'emploi des débris de végétaux et une addition d'engrais consommés.

CHAPITRE IV.

Établissement d'un jardin maraîcher.

Les cultures maraîchères peuvent être divisées en trois catégories : la première se compose des terrains où l'on fait de la culture maraîchère de plein champ, c'est-à-dire où l'on ne cultive que de gros légumes;

La seconde, de ceux où l'on fait simplement de la culture maraîchère de pleine terre;

La troisième, des terrains où l'on cultive simultanément des primeurs et de la pleine terre.

Les terrains les plus favorables pour la culture des gros légumes sont de bonnes terres argileuses suffisamment fumées et assez compactes pour conserver l'humidité; condition essentielle dans ce genre de culture, où les seuls arrosements praticables sont les irrigations, ce qui toutefois ne peut avoir lieu que lorsque ces terrains se trouvent à proximité d'un cours d'eau dont on peut disposer à son gré.

On obtient encore de très-bons résultats dans

quelques terrains marécageux, ainsi que cela se voit
en Picardie, où l'on trouve un grand nombre d'é-
tangs desséchés, dans lesquels on récolte des légumes de la plus grande beauté.

Pour l'établissement d'un marais de la seconde catégorie, il faut un terrain bien aéré et tres-découvert
(jamais on ne doit planter d'arbres, dont l'ombrage
nuirait aux cultures), mais autant que possible à
l'abri des coups de vent, présentant une pente douce
au levant ou au couchant, et situé dans une position
basse, sans être cependant marécageuse ni trop fraîche. Il est vrai que ces conditions sont souvent difficiles à réunir, et, lorsqu'on est forcé d'accepter une
position faite, il faut, autant qu'on le peut, la rendre
la plus favorable possible en dirigeant tous ses travaux vers un même but, celui d'approcher, autant
qu'il se pourra, des conditions que nous venons de
signaler. Si la nature du sol et l'exposition d'un terrain sont des considérations dont on doive sérieuse-
ment se préoccuper, la proximité des eaux n'est pas
moins importante, car sans eau point de culture
maraîchère; aussi le premier soin du maraîcher qui
forme un nouveau jardin doit-il être de s'informer
de la profondeur de l'eau, ce que l'on peut savoir approximativement par la profondeur des puits voisins.

Lors de la mise en culture, le terrain est divisé
en planches parallèles, séparées par des sentiers
étroits, que l'on tient plus élevés que les planches
dans les terrains légers et secs, afin de retenir l'eau
des arrosements, tandis qu'ils doivent être en creux
dans les terrains humides, de manière que, les plan-

ches étant plus élevées, elles se ressuient plus promptement. Comme dans ces marais l'on ne fait pas de
primeurs, il suffit presque toujours qu'ils soient en-
tourés d'une simple clôture, d'un treillage, d'un
brise-vent de paille ou d'un fossé; ce qui, il est vrai,
ne les garantit pas toujours de la dévastation des
maraudeurs.

Pour ceux de la troisième catégorie, la plus avantageuse de toutes les positions est un terrain horizontal, également très-découvert, formant un carré
long et présentant le plus de développement possible
au sud; car, comme il est toujours avantageux d'obtenir des produits précoces, il est de toute nécessité
d'avoir de bonnes expositions, protégées autant que
possible par un mur. Pour utiliser ce mur on peut le
garnir de Vignes au sud et de Poiriers aux autres expositions. Comme chaque exposition a son utilité
particulière, on ménage en avant du mur une costière
ou large plate-bande qu'on utilise selon la saison et
l'exposition; à celle du midi on établit une costière
de 2 mètres à 2 mètres 65 centimètres de large, c'est-
à-dire proportionnée à la hauteur du mur, et dès les
premiers jours de février on y plante de la Romaine
verte élevée sous cloches; puis on sème des Carottes
hâtives, des Radis, des Épinards ou du Persil, et dans
la première quinzaine de mars on contre-plante des
Choux-fleurs semés en automne. Toutes ces plantes
sont bonnes à récolter environ trois semaines avant
celles plantées en plein marais. Après la récolte des
Choux-fleurs on peut planter des Cornichons, qui
peuvent être remplacés par de la Scarole.

A l'est et à l'ouest on peut également planter ou semer tout ce qui est indiqué pour la costière du sud;
seulement, comme ces expositions sont moins favorables, on plante quinze jours ou trois semaines plus
tard.

L'exposition du nord peut servir à mettre en hiver
différents légumes en jauge, et en été c'est là qu'on
élève ses plants et qu'on sème des Épinards et du Cerfeuil, enfin toutes les plantes qui pendant les chaleurs ne réussissent qu'en un endroit ombragé. C'est
aussi à cette exposition qu'on dépose les coffres pendant l'été, et qu'on élève un hangar pour serrer
les châssis et les paillassons qui ne servent plus.

Dans ce genre de culture les abris sont d'une telle
importance qu'à défaut de murs il faudrait établir
soit des palissades de planches, soit des brise-vent
faits avec de la paille ou même des roseaux main-
tenus en haut et en bas entre deux lattes de treillage.
Comme toujours, on fait les costières d'une largeur proportionnée à la hauteur des abris; puis,
en labourant, on a soin d'élever le terrain d'environ 15 centimètres par derrière, de manière à
présenter au soleil un plan incliné. En toute circonstance la partie du terrain la mieux exposée doit être
réservée pour établir les couches, et le reste être
divisé par planches comme nous l'avons précédemment indiqué.

S'il arrivait qu'on fût forcé de prendre un terrain
de médiocre qualité, il faudrait, la première année,
établir ses couches, et dans le reste du terrain cultiver de gros légumes.

La seconde année on établirait ses couches sur un autre emplacement, et, au lieu d'enlever les fumiers et le terreau des vieilles couches, comme cela se fait ordinairement, on répandrait également ces engrais; on donnerait un bon labour, et on réserverait cette partie pour cultiver les plantes qui exigent un terrain bien fumé.

L'année suivante on ferait le même travail, et ainsi de suite jusqu'à ce que l'on soit arrivé à changer complétement la nature du sol.

DES ASSOLEMENTS.

L'assolement d'un marais est une combinaison de la plus haute importance; celui des marais de Paris est véritablement d'une supériorité incontestable, non-seulement sur ceux des autres points de la France, mais encore sur ceux des pays où l'horticulture est la plus avancée.

Leur position géographique a beau n'être pas privilégiée, nulle part l'on ne fait un aussi grand nombre de récoltes sur le même terrain (presque toujours trois saisons, et souvent six récoltes dans le courant d'une année). Afin de donner une idée de l'intelligence avec laquelle nos maraîchers font succéder une saison à une autre, nous allons prendre un ou deux exemples d'assolement dans chacune des quatre régions établies pour la statistique

OUEST.

Marais où l'on cultive simultanément des primeurs et de la pleine terre.

Couches. — 1° Vers le 15 décembre on sème des Carottes courtes hâtives sous panneaux, et l'on plante des Laitues petite noire. La récolte des Carottes étant terminée dans les premiers jours d'avril, on retourne la couche, et l'on plante des Melons à cloches.

En août on plante deux rangs de Choux-fleurs, ou bien un seul rang, et un rang de Scaroles de chaque côté.

Puis en septembre on sème du Cerfeuil, des Épinards ou des Mâches. Du 20 au 25 juillet on plante un rang de Choux de Vaugirard dans chaque sentier de couches.

2° Dans la seconde quinzaine de mars on plante des Melons (sur lesquels on rapporte les panneaux qui étaient sur les Carottes), et trois Choux-fleurs par panneau, qu'on plante sur le milieu de la couche

Vers la fin de juin, la récolte des Melons étant terminée, on plante de la Chicorée ou de la Scarole ; puis, après la récolte des Chicorées (fin de septembre), on sème des Mâches.

3° Dans les premiers jours de janvier on plante de la Laitue petite noire, et vers le 15 janvier six Choux-fleurs sous chaque panneau.

Dans la première quinzaine de mars, après la récolte des Laitues petite noire, on plante de la Laitue gotte. En mai, après la récolte des Choux-fleurs, on retourne la couche, et l'on plante des Melons à cloches.

En juin ou juillet l'on plante des Choux-fleurs ; en septembre on sème des Mâches ou des Épinards.

4° Fin de mars on plante des Melons, sur lesquels on rapporte les panneaux qui étaient sur les Choux-fleurs.

Vers le 15 juin on plante un rang de Choux-fleurs, et après la récolte des Melons, dans la seconde quinzaine de juin, on plante des Chicorées ou des Scaroles, et dans les premiers jours d'octobre, après la récolte des Chicorées, on sème des Mâches.

5° En décembre on plante de l'Oseille ; en février on retourne la couche, et l'on plante de la Chicorée. Vers la fin d'avril, après la récolte des Chicorées, on retourne la couche, et l'on plante des Melons à cloches. En juin ou juillet on plante un rang de Choux-fleurs, et en septembre, après la récolte des Melons, on sème des Épinards ou des Mâches.

6° Dans la seconde quinzaine de février on plante une Romaine et quatre Chicorées sous chaque cloche, et une Romaine entre chaque cloche.

Vers la fin d'avril, après la récolte des Chicorées, on retourne la couche, et l'on plante des Melons à cloches, puis des Choux-fleurs, et l'on sème des Épinards ou des Mâches.

7° Dans les premiers jours de mars on plante quatre Laitues petite noire et une Romaine sous chaque cloche (pour cela on prend les cloches qui ont

servi à élever les plants de Laitues et de Romaines).
Vers la fin d'avril, après la récolte des Romaines, on
retourne la couche, et l'on plante des Melons à cloches, puis des Choux-fleurs et des Épinards, ou des
Mâches.

Costières (sud). — En février on plante de la Romaine verte, et l'on sème du Poireau (qu'on laisse en
place) avec un peu de Carottes ; en août on plante de
la Chicorée ou de la Scarole.

Costières (est). — En mars on plante de la Romaine verte, et l'on sème des Radis.

En mai, après la récolte des Romaines, on sème
du Cerfeuil, et dans les premiers jours de juillet on
sème des Radis noirs.

Planche n° 1 (1). — En octobre on repique de l'Oignon blanc (semé en août), parmi lequel on sème
des Mâches.

Vers le 15 juin, après la récolte des Oignons, on
plante de la Romaine blonde, et dans les premiers
jours de juillet on contre-plante de la Scarole, puis un
rang de Choux de Vaugirard (semés en juin) de chaque côté de la planche.

En septembre on sème des Mâches dans la Scarole.

Planche n° 2. — En février on sème des Carottes
demi-longues, et l'on repique de la Romaine ; puis,
vers le 20 avril, on contre-plante trois rangs de
Choux-fleurs. Dans le courant d'août, après la ré-

____

(1) Chaque numéro représente un nombre indéterminé de
planches.

colte des Choux-fleurs, on plante de la Chicorée, et vers le 15 septembre on sème des Mâches dans la Chicorée.

Planche n° 3. — En février ou mars on repique du Poireau (semé sur couche en janvier); à la fin de juin ou dans le commencement de juillet on plante de la Chicorée ; dans la seconde quinzaine de juillet on contre-plante trois rangs de Choux-fleurs, et en octobre on sème des Épinards.

Planche n° 4. — En février on plante de la Romaine ; en avril ou mai on sème de l'Oseille.

Planche n° 5. — En février on plante de la Romaine verte, qu'on couvre de cloches dans la seconde quinzaine d'avril. Après la récolte des Romaines on plante des Chicorées, et dans la seconde quinzaine de mai on contre-plante de la Chicorée ; puis dans la première quinzaine de juin on contre-plante trois rangs de Choux-fleurs. Dans la seconde quinzaine de juillet, après la récolte des dernières Chicorées, on donne un labour entre les Choux-fleurs, et l'on plante un rang de Choux-fleurs dans chaque intervalle.

Après la récolte des Choux-fleurs, dans le courant de septembre, on sème des Mâches.

Planche n° 6. — En décembre on plante des Choux d'York (semés en août), et en mars on contre-plante trois rangs de Choux-fleurs. Après la récolte des Choux-fleurs (fin de juin, commencement de juillet) on sème des Radis noirs.

SUD.

Marais où l'on ne cultive que des primeurs.

Les murs de ce marais sont garnis de Vignes. En décembre on force une partie de l'espalier du sud; en novembre on place des panneaux devant les parties qui n'ont pas été forcées; de cette manière on conserve du Raisin dans toute sa beauté jusqu'en janvier

Couches. — 1° Dans la première quinzaine de décembre on repique des Pois sous panneaux, mais à froid.

La récolte étant terminée vers la fin d'avril, on fait une couche, et dans les premiers jours de mai on plante des Patates.

2° En février on plante des Melons.

Dans la seconde quinzaine de mai, la récolte des Melons étant terminée, on retourne la couche et l'on plante des Melons à cloches.

3° En février on plante des Concombres verts anglais.

Dans la seconde quinzaine de mai, la récolte étant terminée, on retourne la couche et l'on plante des Melons à cloches.

4° Tout le reste du terrain est planté en Fraisiers des Alpes. Vers la fin de janvier on place des panneaux sur les planches de Fraisiers (plantés à la fin de septembre). On plante intérieuremen un rang de touffes d'Oseille autour des coffres, et l'on commence à forcer les Fraisiers au moyen de réchauds de fumier.

Dans la seconde quinzaine de juin, la récolte des Fraisiers étant terminée, on les détruit, puis on fait des couches, et l'on plante des Melons à cloches.

Marais où l'on ne cultive que des légumes en pleine terre.

Couche à l'air. — A la fin de février on sème des Carottes et des Radis, puis dans les premiers jours de mars on plante deux rangs de Choux-fleurs.

Vers la fin de mai, après la récolte des Carottes, on plante des Cornichons. Dans la seconde quinzaine de juillet, après la récolte des Choux-fleurs, on plante deux autres rangs de Choux-fleurs.

Costière (sud). — En février on sème des Carottes, et dans la seconde quinzaine de février on plante de la Romaine.

Dans la seconde quinzaine de juin, après la récolte des Carottes, on sème des Radis noirs.

Planche n° 1. — Vers le 15 février on plante des Choux d'York (semés en août). Dans la première quinzaine de juin, après la récolte des Choux, on plante des Chicorées, et dans les premiers jours de juillet on contre-plante des Choux-fleurs. La récolte étant terminée dans les premiers jours de septembre, vers le 15 on sème des Radis roses sur ados. Du 20 au 25 juillet on repique un rang de Choux de Vaugirard de chaque côté des planches.

Planche n° 2. — En février on sème des Carottes; en mars on plante de la Romaine verte, et dans la seconde quinzaine d'avril on contre-plante trois rangs de Choux-fleurs.

Vers la fin de juillet, la récolte des Choux-fleurs étant terminée, dans les premiers jours d'août on plante de la Chicorée; puis dans la seconde quinzaine de septembre on sème les Mâches dans la Chicorée.

Planche n° 3. — Dans la seconde quinzaine d'octobre on repique de l'Oignon blanc (semé en août).

Dans la première quinzaine de juin, après la récolte des Oignons, on sème des Radis, et l'on plante de la Romaine; puis dans la seconde quinzaine on contre-plante des Scaroles.

En septembre on sème des Mâches dans la Scarole.

Planche n° 4. — En mars on sème de l'Oseille.

Planche n° 5. — En mars on sème des Radis roses (seuls).

Vers le 15 avril, après la récolte des radis, on plante de la Chicorée; dans la seconde quinzaine de mai on contre-plante des Chicorées, et dans la première quinzaine de juin on contre-plante trois rangs de Choux-fleurs.

Dans la seconde quinzaine de juin, après la récolte des dernières Chicorées, on contre-plante deux rangs de Choux-fleurs, et vers la fin de septembre on sème des Mâches ou des Épinards.

Planche n° 6. — Dans la seconde quinzaine de mars on sème des Radis (seuls).

En mai, après la récolte des Radis, on plante de la Chicorée, et en juin on contre-plante du Céleri dans la Chicorée, de deux en deux planches.

Dans les premiers jours de juin on contre-plante de

la Chicorée dans les planches intermédiaires, et dans la seconde quinzaine on contre-plante dans la Chicorée des Choux-fleurs qui sont récoltés à l'époque de butter le Céleri.

Planche n° 7. — En février ou mars on sème du Poireau; à la fin de juin, après la récolte du Poireau, on plante de la Chicorée, et dans la seconde quinzaine de juillet on contre-plante trois rangs de Choux-fleurs.

Planche n° 8. — Dans les premiers jours d'avril on plante des Laitues rouges; dans la seconde quinzaine on contre-plante des Chicorées, et dans la première quinzaine de mai l'on contre-plante trois rangs de Choux-fleurs.

Dans la première quinzaine d'août, après la récolte des Chicorées, on plante des Laitues grosse brune, et quelques jours après l'on contre-plante de la Chicorée. En octobre, après la récolte des Chicorées, on sème des Mâches ou des Épinards.

EST.

Marais où l'on cultive à la fois des primeurs et de la pleine terre.

Couches. — 1° En décembre on plante de l'Oseille; dans la seconde quinzaine de janvier on plante des Haricots de Hollande; on retourne la couche dans la seconde quinzaine d'avril, et l'on plante des Melons.

Dans la seconde quinzaine de septembre, la récolte des Melons étant terminée, on laboure le terrain et l'on sème des Épinards (pour récolter dans la seconde quinzaine de mars).

2° Vers la fin de novembre ou au commencement de décembre on plante quatre Laitues petite noire et une Romaine sous chaque cloche. La récolte étant terminée dans la première quinzaine de février, on plante une seconde saison de Laitues et de Romaines; puis, lorsque la température le permet, on plante une Romaine entre chaque cloche, et, lorsque celles qui ont été plantées sous cloches sont récoltées, on rapporte les cloches sur les dernières plantées.

Dans la première quinzaine d'avril, la récolte des Romaines étant terminée, on retourne la couche et l'on plante des Melons.

En juillet on plante des Choux-fleurs, et en septembre, après la récolte des Melons, on sème des Mâches.

3° Dans la seconde quinzaine d'octobre on plante sur terre, mais sous panneaux, de la Chicorée et deux rangs de Choux-fleurs.

La récolte des Choux-fleurs étant terminée vers la fin d'avril, dans le commencement de mai on fait une couche et l'on plante des Melons à cloches.

En juillet on plante des Choux-fleurs, et en septembre, après la récolte des Melons, on sème des Mâches.

Carré d'Asperges. —Vers la fin d'octobre on recharge avec la terre des sentiers les planches d'Asperges qu'on veut forcer; on place les coffres; puis on plante de la Chicorée, et l'on commence à chauffer les Asperges en décembre, janvier ou février. Enfin, après la récolte des Asperges, on plante de la Laitue gotte et deux rangs de Choux-fleurs, et, lorsque ces derniers sont récoltés, on enlève les coffres, on remplit les sentiers et l'on plante de la Chicorée. Après la Chicorée on sème du Cerfeuil, et après la récolte du Cerfeuil on sème des Mâches.

Costières (sud). — En février on plante de la Romaine verte, et l'on sème à travers des Radis ou des Carottes. En mars on contre-plante des Choux-fleurs. Dans la première quinzaine de juin, après la récolte des Choux-fleurs, on fait une couche et l'on plante des Melons à cloches.

La récolte des Melons étant terminée, dans la première quinzaine de septembre, on laboure le terrain et l'on sème des Épinards (pour récolter en janvier).

Planche n° 1. — En décembre on plante des Choux d'York (semés à la fin d'août).

La récolte étant terminée en mai, on fait une couche et l'on plante des Melons à cloches.

En juillet l'on plante des Choux-fleurs, et en septembre, après la récolte des Melons, on sème des Mâches ou du Cerfeuil.

Planche n° 2. — En décembre on plante des Choux d'York ; en mai, après la récolte des Choux, on repique de la Chicorée, et en juin on contre-plante de la Poirée à cardes (semée en mai).

Planche n° 3. — En février on plante des Choux d'York et l'on sème parmi eux des Épinards.

En mai, après la récolte des Choux, on plante de la Romaine blonde et l'on contre-plante des Tomates.

En septembre on sème du Cerfeuil parmi les Tomates.

Planche n° 4. — Dans la seconde quinzaine de

septembre on sème du Poireau, et en mai, après la récolte du Poireau, on plante des Potirons.

Planche n° 5. — En mars on repique du Poireau (semé sur couche en janvier).

En juin, après la récolte du Poireau, on repique de la Romaine blonde, et l'on contre-plante des Chicorées ou des Scaroles.

La récolte des Chicorées étant terminée en septembre, on sème des Épinards ou des Mâches.

Planche n° 6. — En février on plante des Choux d'York, parmi lesquels on sème des Épinards.

En juin, après la récolte des Choux, on plante de la Romaine et l'on contre-plante des Poireaux.

Planche n° 7. — En février on sème des Carottes, et l'on y mêle un peu de Radis.

En juin, après la récolte des Carottes, on plante des Laitues et l'on contre-plante de la Chicorée.

En septembre, la récolte des Chicorées étant terminée, on sème des Épinards ou des Mâches.

Planche n° 8. — En février on sème des Poireaux; à la fin de juin et dans le courant de juillet, après la récolte des Poireaux, on plante du Céleri (semé dans la première quinzaine de mai) et l'on contre-plante de la Romaine ou des Laitues.

Planche n° 9. — En mars on plante des Choux-fleurs et l'on contre-plante de la Romaine.

Dans la première quinzaine de juillet, après la récolte des Choux-fleurs, on plante des Laitues et l'on contre-plante de la Chicorée.

En octobre on sème des Mâches ou du Cerfeuil.

Planche n° 10. — Dans la seconde quinzaine d'octobre on repique de l'Oignon blanc (semé en août).

A la fin de mai, après la récolte de l'Oignon, on repique du Céleri (semé en avril), et l'on contre-plante de la Romaine blonde.

Vers la fin d'août et dans le courant de septembre, après la récolte du Céleri, on fait des meules à Champignons.

Marais où l'on ne cultive que des primeurs.

Couches. — 1° En novembre on commence à chauffer des Asperges vertes et l'on continue successivement jusqu'en mars.

En mars on plante des Aubergines.

2° En novembre on commence à chauffer des Asperges vertes, et l'on continue successivement jusqu'en mars.

En mars on plante des Melons.

En août, après la récolte des Melons, on laboure le terrain et l'on repique de la Poirée blonde (semée en juin).

3° Dans le courant de novembre on plante de la Chicorée, et deux rangs de Choux-fleurs (sous panneaux, mais sur terre).

Dans la seconde quinzaine de mai, après la récolte des Choux-fleurs, on fait une couche et l'on plante des Melons.

Costières (sud). — En février on plante de la Romaine, et en mars on contre-plante des Choux-fleurs.

Dans la première quinzaine de juin, après la récolte des Choux-fleurs, on fait une couche et l'on plante des Melons à cloches.

Planche n° 1. — En septembre on fait des meules à Champignons.

En mai on plante des Concombres.

Planche n° 2. — En septembre on fait des meules à Champignons.

En mai on plante des Tomates.

Marais de la vallée de Fécamp

Planche n° 1. — Dans la première quinzaine de mars on repique de la Romaine verte.

Dans la seconde quinzaine on contre-plante de la Laitue rouge.

En mai on plante des Cornichons; en septembre, après la récolte des Cornichons, on sème des Poireaux et des Mâches.

Planche n° 2. — En février on sème des Carottes et des Radis.

En juin, la récolte des Carottes étant terminée, on plante de la Romaine blonde ou de la Laitue grise, et l'on contre-plante des Choux-fleurs.

En septembre, après la récolte des Choux-fleurs, on sème des Épinards ou des Mâches.

Planche n° 3. — En mars on plante de la Romaine verte et de la Laitue rouge, et l'on contre-plante des Choux-fleurs. La récolte des Choux-fleurs étant terminée dans la seconde quinzaine de juin, on sème des Carottes dans les premiers jours de juillet.

Planche n° 4. — En mars on sème de l'Oseille.

Planche n° 5. — En octobre on repique de l'Oignon blanc et l'on sème des Mâches ou du Cerfeuil.

En juin, après la récolte des Oignons, on repique de la Laitue grise, et dans les premiers jours de juillet on contre-plante des Chicorées ou de la Scarole.

En octobre, après la récolte des Chicorées, on sème des Épinards ou des Mâches.

Planche n° 6. — En octobre on repique de l'Oignon blanc et l'on sème des Mâches ou du Cerfeuil.

En juillet, après la récolte des Oignons, on plante de la Romaine blonde ou de la Laitue grise, et l'on contre-plante des Choux-fleurs. En septembre on sème des Mâches.

Planche n° 7. — En février ou mars on sème de la Ciboule et des Radis. En août, après la récolte des Ciboules, on sème des Radis (seuls). La récolte des Radis étant terminée, à la fin d'août (dans la première quinzaine de septembre), on sème des Épinards.

Planche n° 8. — En février on sème des Poireaux.

En juillet, après la récolte des Poireaux, on plante de la Chicorée ou de la Scarole.

Planche n° 9. — En septembre on sème de la Carotte hâtive. A la fin de mai ou au commencement de juin, après la récolte des Carottes, on plante de la Romaine blonde ; à la fin de juin on contre-plante de la Chicorée.

En octobre on sème du Cerfeuil.

Planche n° 10. — En février on plante des Choux d'York et l'on sème des Épinards.

En juin, après la récolte des Choux, on plante de la Romaine blonde, et quinze jours après on contre-plante du Céleri.

Planche n° 11. — En décembre on plante des Choux cœur-de-bœuf, et dans la première quinzaine de juillet, après la récolte des Choux, on sème de la Ciboule et des Radis.

Planche n° 12. — En décembre on plante des Choux cœur-de-bœuf. La récolte des Choux étant terminée vers la fin de juin, dans le commencement de juillet on plante de la Laitue et l'on contre-plante de la Chicorée ou de la Scarole, et dans la première quinzaine de septembre, après la récolte des Chicorées, on plante des Poireaux.

NORD.

Marais où l'on cultive simultanément des primeurs et de la pleine terre.

Couches. — 1° En décembre on sème des Carottes courtes hâtives et l'on plante de la Laitue petite noire.

En mai, après la récolte des Carottes, on retourne la couche et l'on plante des Melons. En juillet ou août on plante des Choux-fleurs, et en septembre, après la récolte des Melons, on sème des Mâches, du Cerfeuil ou des Épinards.

2° En janvier on plante une Romaine verte et quatre Laitues sous chaque cloche.

Dans la première quinzaine de février, la récolte

étant terminée, on plante une seconde saison de Laitue et de Romaine; puis, lorsque la température le permet, on plante une Romaine entre chaque cloche, et, lorsque celles plantées sous cloche sont récoltées, on rapporte les cloches sur les dernières plantées.

Dans la première quinzaine d'avril, la récolte des Romaines étant terminée, on retourne la couche et l'on plante des Melons.

En juillet ou août on plante des Choux-fleurs, puis l'on contre-plante de la Scarole ou du Céleri-rave.

Costière (sud). — En février on plante de la Romaine verte et l'on sème des Radis ou de la Carotte.

En mai, après la récolte, on plante des Cornichons, et dans la seconde quinzaine d'août on contre-plante de la Scarole.

Costière (est). — En mars on plante de la Romaine et l'on sème des Radis; après la récolte des Romaines on sème du Persil (pour l'hiver).

Costière (nord). — Pendant l'été on sème du Cerfeuil.

Planche n° 1. — En février ou en mars on plante de la Romaine et l'on contre-plante des Choux-fleurs.

En juin, après la récolte des Choux-fleurs, on plante de la Romaine blonde ou de la Laitue, et dans la première quinzaine de juillet on contre-plante de la Chicorée ou de la Scarole, et à la fin de septembre ou au commencement d'octobre, après la récolte des Chicorées, on sème des Épinards.

Planche n° 2. — En février on plante des Choux d'York et l'on sème à travers des Épinards.

A la fin de juin ou dans le courant de juillet, après

la récolte des Choux, on repique du Poireau et l'on sème des Mâches.

Planche n° 3. — En octobre on repique de l'Oignon blanc et l'on sème du Cerfeuil.

A la fin de mai ou au commencement de juin, après la récolte des Oignons, on plante de la Romaine blonde ou de la Laitue. Dans la seconde quinzaine de juin on contre-plante de la Chicorée ou de la Scarole, et dans la seconde quinzaine d'août on sème des Épinards pour l'automne.

Planche n° 4. — En décembre on plante des Choux d'York.

A la fin de juin et dans le commencement de juillet on plante de la Chicorée, et dans la première quinzaine de juillet on contre-plante du Céleri.

Planche n° 5. — En février ou mars on plante de la Romaine et l'on sème des Radis.

En avril, après la récolte des Romaines, on plante de la Chicorée et l'on contre-plante du Céleri-rave.

Planche n° 6. — En février on plante des Choux d'York, dans lesquels on sème des Épinards.

Dans la première quinzaine de juin, après la récolte des Choux, on plante de la Romaine blonde ou de la Laitue, et l'on contre-plante de la Chicorée ou de la Scarole. A la fin d'août, après la récolte des Chicorées, on sème de l'Oignon blanc et des Mâches.

Planche n° 7. — En décembre on plante des Choux d'York. En mai, après la récolte des Choux, on plante ou l'on sème des Cardons et l'on contre-plante de la Romaine blonde.

Planche n° 8 — En février ou mars on plante de la Romaine et l'on sème des Radis.

En avril, après la récolte des Romaines, on plante de la Chicorée et l'on contre-plante du Céleri.

Dans la seconde quinzaine d'août, après la récolte du Céleri, on plante de la Scarole.

Planche n° 9. — En février ou en mars ou plante de la Romaine, et en mai on sème de l'Oseille.

Planche n° 10. — En février on sème des Carottes; dans la première quinzaine de juillet, après la récolte des Carottes, on plante de la Romaine, et dans la seconde quinzaine on contre-plante de la Chicorée ou de la Scarole.

En octobre, après la récolte des Chicorées, on sème du Cerfeuil.

Planche n° 11. — En février on sème de la Ciboule et des Radis. En juillet, après la récolte des Ciboules, on plante de la Chicorée et l'on contre-plante des Choux-fleurs; puis en septembre on sème des Mâches.

Planche n° 12. — En mars on repique du Poireau semé sur couche en janvier.

Fin juin, après la récolte du Poireau, on plante de la Chicorée ou de la Scarole, puis on contre-plante des Choux-fleurs, et en septembre on sème des Mâches dans les Choux-fleurs.

Planche n° 13. — En février ou mars on plante de la Romaine; dans la seconde quinzaine d'avril on contre-plante de la Chicorée, et dans la seconde quinzaine de mai on contre-plante de la Chicorée dans la Chicorée.

La récolte étant terminée dans la seconde quinzaine de juillet, on plante de la Romaine blonde ou de la Laitue et l'on contre-plante des Choux-fleurs, et en septembre on sème des Mâches dans les Choux-fleurs.

Culture maraîchère d'Aubervilliers.

Presque tous les terrains dépendant des communes d'Aubervilliers-les-Vertus, la Chapelle, la Villette, la Courneuve, Baubigny, le Bourget, Drancy-Saint-Denis, Saint-Ouen et Pantin, sont consacrés à la culture des légumes. Le sol de ces marais est une terre franche, profonde, très-fertile. Presque tous ces terrains sont affermés à raison de 350 francs l'hectare.

La contenance moyenne des terrains occupés par chaque cultivateur est d'environ 5 hectares, divisés en plusieurs pièces de terre souvent très-éloignées les unes des autres.

Le nombre des personnes employées à la culture des 5 hectares de terre est environ de trois hommes en été, plus quelques femmes de journée pour les sarclages, et d'un homme et d'une femme pendant l'hiver. Le matériel nécessaire à chacune de ces exploitations se compose d'un cheval, d'une charrette, d'une charrue, d'une herse et d'un rouleau, de plusieurs fourches, houes, hoyaux, crochets (pour arracher les Pommes de terre), binettes (espèce de petite houe), etc., etc.

Pour compléter nos renseignements sur la culture maraîchère en plein champ, nous allons donner un exemple d'assolement qu'on peut considérer comme représentant tous les genres de culture pratiqués à Aubervilliers, nous réservant de donner quelques détails de culture au chapitre intitulé *Culture*.

1° Dans la seconde quinzaine de février ou dans la première quinzaine de mars on sème de l'Oignon jaune, puis du Poireau dans le même terrain et dans les proportions suivantes :

15 kilogrammes d'Oignon et 3 kilogrammes de Poireau par hectare. A la fin d'août ou au commencement de septembre on récolte les Oignons, ce qui permet alors aux Poireaux de se développer.

2° En mars on sème des Carottes demi-longues (à raison de 5 kilogrammes par hectare). Dans la première quinzaine de juillet, après la récolte des Carottes, on plante des Choux de Milan des Vertus (semés en juin).

3° En mai on sème des Carottes demi-longues.

4° En mai on sème des Carottes rouges longues et jaunes longues (à raison de 4 kilogr. par hectare).

5° Dans la seconde quinzaine de mars ou dans la première quinzaine d'avril on sème des Scorsonères, à raison de 10 kilogrammes par hectare.

6° En mai on plante des Choux de Milan des Vertus (semés en avril) ou des Choux de Saint-Denis (semés à la même époque).

7° En mars on sème des Panais ronds et longs (à raison de 6 kilogrammes par hectare).

8° En juin on plante des Choux de Milan des Vertus (semés en mai).

9° En mai on sème des Betteraves rouges et jaunes pour salade (à raison de 5 kilogrammes par hectare)

10° En février ou mars on plante des Aulx; en août, après la récolte, on sème des Navets des Vertus.

11° En février on plante des Échalotes; en juillet, après la récolte, on plante des Choux de Milan des Vertus (semés en juin).

12° En mars on plante des Pommes de terre Shaw, et en août, après la récolte des Pommes de terre, on plante des Choux de Milan des Vertus.

13° En mai on plante des Pommes de terre Shaw.

14° En février ou mars on sème de l'Oignon blanc gros; en juillet, après la récolte des Oignons, on plante des Choux de Milan des Vertus (semés en juin).

15° En mars on plante des Asperges par fosse, et à la même époque on plante des Pommes de terre. Dans l'intervalle des fosses, en juin, après la récolte des Pommes de terre, on sème des Betteraves.

16° En avril on plante des Artichauts.

17° Dans la seconde quinzaine d'août, après la récolte des Céréales, dont chaque cultivateur sème quelques pièces chaque année, on sème des Navets des Vertus.

Comme, en raison de leur nature épuisante, un grand nombre de plantes potagères ne peuvent être cultivées plusieurs années de suite dans le même terrain, les cultivateurs dont nous venons de faire connaître les opérations ont adopté l'assolement triennal de la manière suivante :

Après une bonne fumure de fumier et d'immondices de ville on sème : 1re année, des Scorsonères; 2e année, des Choux; 3e année, Oignons et Poireaux, ou Carottes, Betteraves, etc.

     ÉTABLISSEMENT

Culture des marais d'Amiens.

Les marais de la Somme, cultivés par les jardiniers maraîchers connus sous le nom d'*Hortillons*, ont une haute valeur; leur étendue dépasse 100 hectares.

Pour mettre ces terrains en culture on a partagé le sol en planches de 3 à 4 mètres de largeur, au moyen de canaux, larges de 2 mètres, qui s'étendent d'un bras de la Somme à l'autre. Les terres qu'on a dû enlever ont été distribuées sur la surface des planches, dont le sol, de cette façon, se trouve élevé de beaucoup au-dessus des eaux.

Ces canaux reçoivent toutes les mauvaises herbes provenant des sarclages et tous les débris fournis par *l'habillage* des légumes, ce qui procure, chaque année, aux jardiniers qui exploitent ces marais, d'abondantes fumures, au moyen desquelles ils obtiennent une quantité considérable de beaux et bons légumes.

La première année, après une bonne fumure avec du fumier de cheval et un labour à la bêche, on sème, vers le milieu de février, tout ensemble, des graines de Radis, de Laitues, de Carottes. d'Oignons et de Poireaux.

Au commencement de mai on récolte d'abord les Radis, puis successivement les Laitues, les Carottes, les Oignons et les Poireaux. Quand le terrain est complétement débarrassé, on renouvelle la fumure, et on donne un nouveau labour sur lequel on repique alternativement des Laitues ou des Chicorées et des Choux Les salades sont récoltées avant l'hiver et les Choux en décembre, janvier et février.

La seconde année on procède au curage des canaux ; on fume et on laboure comme la première année, puis on sème des Pois et des Pommes de terre. Quand la récolte des Pois est enlevée, dans le courant de juin, on plante des Choux entre les lignes de Pommes de terre.

La récolte des Pommes de terre se fait en août et septembre, ce qui permet encore de planter des Chicorées ou des Laitues qu'on récolte en automne.

La troisième année, après avoir curé les canaux, fumé et labouré le terrain, on sème des Radis et des Salades. En mars ou avril, selon l'état de la température, on plante sur ces semis des œilletons d'Artichaut, qui, bien soignés, donnent leur récolte en août et septembre ; après quoi on les arrache pour faire place à des Chicorées.

Ces marais si prodigieusement fertiles sont essentiellement tourbeux ; l'acidité naturelle de ce genre de sol est détruite par l'abondance des fumures, riches en substances alcalines. Ils sont une preuve frappante de ce qu'on peut obtenir des marais tourbeux avec des soins, du travail, de l'intelligence et beaucoup d'engrais, sans recourir à la méthode de l'écobuage si vantée de nos jours.

Cette méthode peut donner temporairement de bons produits là où le sol tourbeux est très-profond ; mais, en dernière analyse, elle escompte l'avenir au profit du présent. Si les marais de la Somme avaient été mis en valeur par écobuage, il y a des siècles qu'il ne serait plus question des Hortillons d'Amiens.

CHAPITRE V.

Engrais et paillis.

Les engrais employés dans les marais sont : les fumiers, les terreaux et les paillis.

Fumier. — Comme la terre qui compose le sol des marais de Paris est généralement légère et brûlante, on emploie de préférence, comme engrais, du fumier de vache, ou, à défaut, du fumier de cheval; mais alors on ne doit employer ce dernier qu'à moitié consommé.

Ces fumiers doivent être enterrés vers la fin de l'automne ou au commencement de l'hiver, dans la proportion d'un demi-tombereau par planche de 2 mètres 33 cent. de largeur sur 24 de longueur, ce qui fait environ 100 mètres cubes par hectare; mais, comme nous avons déjà eu occasion de le dire, ce n'est que dans les établissements où l'on ne monte pas de couches que l'on fait acquisition d'engrais; dans les autres, ce n'est qu'après avoir servi à faire les couches que les fumiers passent à l'état d'engrais, et, comme alors ils sont devenus inutiles, on en tire parti ou on les vend.

Les sarclures, les épluchures de légumes, enfin tous les débris végétaux peuvent également être employés comme engrais après leur réduction en terreau, mais non avant, car alors ces fumiers renferment des graines encore susceptibles de germer et qui couvriraient le sol de mauvaises herbes.

Terreau. — Le terreau est la partie la plus consommée des couches; comme, chez les maraîchers, les couches servent à faire plusieurs saisons, elles sont labourées plusieurs fois et fréquemment arrosées. Il en résulte qu'après les récoltes le fumier se trouve entièrement décomposé, et dès ce moment il peut être mis en tas; mais auparavant il faut le briser avec la fourche et avoir soin de bien mélanger la partie épuisée par les cultures avec le terreau gras, de manière qu'il se trouve de même qualité sur tous les points.

Une partie de ce terreau sert à charger les nouvelles couches; une autre, au printemps, est étendue sur les semis de pleine terre, ce qui facilite la germination des graines et protége la levée des plantes, qui souvent pourrait être compromise sans cette précaution; car à cette époque la surface du terrain se durcit, et, comme la température ne favorise pas toujours le développement des jeunes plantes, il arrive qu'elles périssent si elles se trouvent comprimées dans une terre humide et froide. Pour cette opération on emploie environ 1 mètre cube de terreau par are, soit 100 mètres par hectare.

Paillis. — Le paillis est un fumier court qui provient soit des vieilles couches, soit des vieux réchauds ou des sentiers de couches, soit enfin des meules à Champignons. On l'étend, vers la fin du printemps et pendant le reste de l'année, sur toutes les planches en culture, afin de conserver l'eau des arrosements et d'empêcher la terre d'être battue ou de se durcir, ce qui aurait nécessairement lieu sans cette précaution, à cause de la grande quantité d'eau qu'on est forcé de répandre sur le sol pendant les temps de sécheresse.

Il faut environ 2 mètres cubes de paillis par are, soit 200 mètres par hectare.

CHAPITRE VI.

Des Arrosements.

L'eau étant un des plus puissants agents de la végétation, on doit, en établissant un jardin, se préoccuper des moyens les plus avantageux de s'en procurer, ce qui est d'autant plus nécessaire pour les
jardins maraîchers que les années sèches sont toujours les plus productives. D'après la position de nos
marais, il a fallu à toutes les époques tirer de l'eau
du sein de la terre, ce qui eut lieu pendant fort longtemps à l'aide d'une poulie, d'une corde et de seaux.
Rien de plus simple que ce qui avait lieu alors : les
jardiniers creusaient leurs puits eux-mêmes, et trois
perches placées en triangle et réunies par le haut
supportaient la poulie. Bien que les seaux ne con-
tinssent que 12 à 15 litres, ce n'en était pas moins
un travail long et fort rude, à cause de la quantité
d'eau nécessaire pour ce genre de culture. Les marais ayant peu à peu été reculés, ils se trouvèrent sur
un plan plus élevé ; alors ce système d'arrosement

fut insensiblement abandonné et remplacé par le manége ; mais alors il devint indispensable de recourir
aux puits en maçonnerie, vu leur profondeur et la
largeur nécessaire au passage des seaux employés
avec le nouvel appareil.

Le prix auquel revient un puits varie suivant la
profondeur et les difficultés du terrain; ainsi la
fouille et la maçonnerie peuvent coûter de 800 à
1,800 fr.

Les premières manivelles furent établies vers 1788;
M. Bourgeois, qui demeurait au Petit-Grenelle, fut,
dit-on, un des premiers qui ait eu une manivelle. Cet
appareil, monté avec toute l'économie désirable,
coûte environ 256 fr. (1).

Fig. 1. — Appareil d'une manivelle pour l'arrosage.

(1) Charpente. 80 fr.
  Poulie et porte-poulie. 30
  Les deux câbles (pour un puits de 15 m. de profond.). 80
  Les seaux.. 66
                                      Total. . . . 256 fr.

La figure 1 représente cet appareil avec tous ses détails.

A est le tambour autour duquel s'enroulent les câbles qui font monter et descendre les seaux ; il se compose de deux roues, séparées entre elles par des montants d'environ 1 mètre 30 centimètres de longueur. L'arbre B, qui sert d'axe fixe, a environ 4 mètres de hauteur ; il traverse le moyeu des roues qui composent le tambour. L'extrémité inférieure est taillée en pointe et garnie en fer, et elle tourne sur un dé en pierre ; la partie supérieure est fixée sur l'un des côtés de la grande pièce de bois (cette pièce doit avoir 6 mètres de longueur), au moyen d'une pièce accessoire également en bois retenue par des boulons. C est le timon d'attelage ; D est le palonnier auquel on attelle le cheval. EE pièces de bois nommées porte-poulie, au milieu desquelles on pratique une entaille pour recevoir les poulies.

L'adoption de cette nouvelle machine hydraulique fit époque dans les travaux maraîchers, car jusque-là le transport des produits à la halle avait eu lieu à la hotte. Au printemps et en été, chaque garçon jardinier faisait un voyage le soir après sa journée, et quelquefois deux le matin avant de se mettre à l'ouvrage ; mais, un cheval étant devenu nécessaire pour le service de la manivelle, il arriva qu'on fit aussi l'acquisition d'une charrette.

Quoique bien supérieure au premier moyen, la manivelle laissait encore beaucoup à désirer, car il fallait une personne constamment occupée à vider les seaux et à diriger le cheval. Il était aussi arrivé plusieurs accidents très-graves occasionnés par la rupture d'un des câbles au moment où un seau montait, ce qui détermina plusieurs maraîchers à essayer d'autres machines hydrauliques ; mais, les résultats n'ayant pas été satisfaisants, ce ne fut qu'en 1836 qu'on essaya des pompes à manége (fig. 2). La tentative

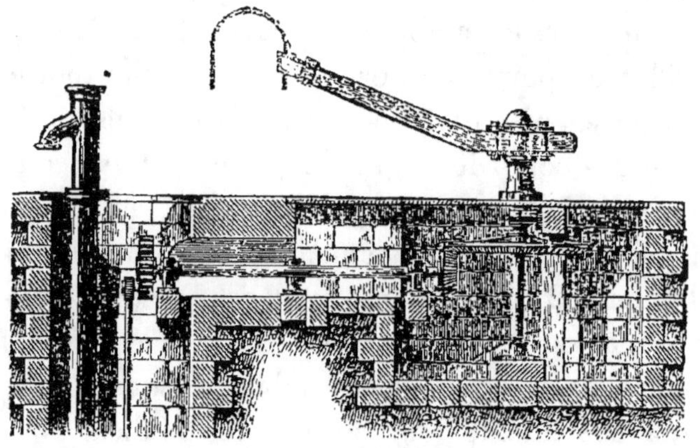

Fig. 2. — Pompe à manége.

eut un plein succès, et ce que l'on peut dire de plus avantageux en faveur de ce système, c'est qu'aujourd'hui les deux tiers des manivelles sont remplacées par ces sortes de pompes.

Bien qu'un cheval soit toujours nécessaire, il suffit de l'animer de temps à autre de la voix ou du fouet, ce qui, pendant tout le temps des arrosements, économise une personne.

Ces pompes peuvent être placées dans tous les puits ; elles donnent de 12,000 à 15,000 litres d'eau

par heure, et coûtent de 1,200 à 1,800 fr., suivant
la profondeur du puits et les difficultés du terrain ;
elles sont à triple effet, c'est-à-dire à trois pistons.

L'eau des puits de Paris contient presque toujours
du carbonate et souvent du sulfate de chaux ; sur
quelques points même ces substances sont tellement
abondantes que l'eau dépose sur le sol et sur les
feuilles des plantes une couche de sels calcaires qui
ne permettent plus aux racines de jouir des influences
atmosphériques et aux feuilles de remplir leurs fonctions physiologiques, ce qui occasionne quelquefois
la perte des cultures, ou le plus souvent un état de
langueur non moins préjudiciable. Dans ce cas il est
de toute nécessité d'avoir un réservoir pour que l'eau
ne soit employée que quelques heures après avoir été
tirée, ce qui permet aux substances malfaisantes
qu'elle contient de se déposer. Il y a aussi avantage
à laisser l'eau s'échauffer au soleil, car, pour l'arrosement des plantes délicates ou de celles cultivées
sur couche, l'eau ne devrait jamais avoir moins de
8 ou 10 degrés de température. Il n'en est pas de
même, il est vrai, pour les gros légumes ; il faut, au
contraire, employer l'eau aussitôt qu'elle est tirée
du puits, car autrement elle activerait trop la végétation et ils ne pourraient acquérir tout leur développement.

Ces considérations déterminèrent M. Lenormand,
habile horticulteur-maraîcher, à faire, dans ces dernières années, l'acquisition d'une cuve en bois qui lui
sert de réservoir ; elle a 1 mètre 65 cent. de hauteur
et 12 mètres de circonférence ; elle contient 20,000

litres d'eau. Elle est maintenue par cinq cercles de fer, et elle lui a coûté 600 fr. Malgré l'avantage d'avoir d'avance une si grande quantité d'eau, il n'y a encore qu'un très-petit nombre de maraîchers qui aient des réservoirs ; chez la plupart c'est une auge en pierre, du prix de 80, 100 ou 120 fr., quelquefois même un simple tonneau, qui en tient lieu.

Nous allons maintenant indiquer le moyen le plus avantageux de distribuer l'eau sur tous les points du jardin où l'on peut en avoir besoin, et nous décrirons celui suivi chez MM. Moreau, Lenormand, et plusieurs autres habiles maraîchers.

La figure 3 montre la disposition de tout ce système.

Nous dirons que pour un marais d'un demi-hectare il faut 20 tonneaux environ (1). Ils doivent être placés à l'extrémité des planches et à une distance égale à peu près entre eux. Il faut avoir soin d'en placer un au moins auprès des tas de fumier, afin d'y recourir en cas d'incendie.

Si le terrain était en pente et que le puits fût placé dans la partie la plus basse, il faudrait, pour que tous les tonneaux pussent s'emplir également, que le fond du réservoir fût au niveau de la partie la plus élevée du terrain, et même encore plus haut, s'il est possible, afin que l'eau fût chassée avec plus de force dans les tuyaux.

(1) On achète ces tonneaux dans les magasins d'huile. Ils sont cerclés en fer ; contiennent de 504 à 568 litres et coûtent de 12 à 13 fr. pièce.

Tous les tonneaux doivent être enterrés à là même profondeur, de manière à sortir de terre de 25 à 3o cent. (voir fig. 3 A), en ayant soin de les tourner

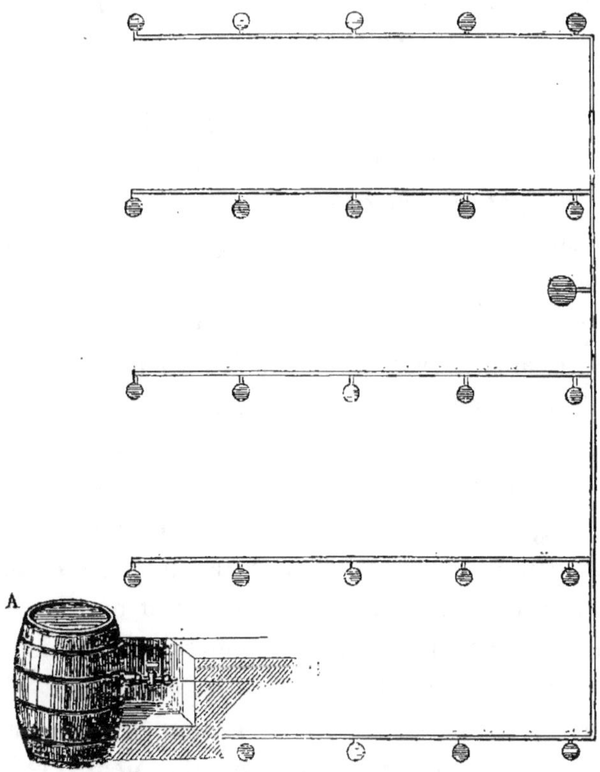

Fig. 3. — Tonneaux pour l'arrosage.

de telle sorte que l'eau puisse arriver par la bonde. En partant de la cuve on ouvre une tranchée en ligne droite d'environ 22 cent. de profondeur, et jusqu'au point où doit se trouver la dernière ligne de tonneaux ; puis on pratique une autre tranchée semblable pour communiquer avec chacune de ces lignes.

Pour amener l'eau dans les tonneaux on emploie ordinairement des tuyaux de grès ; ceux de la ligne directe ont 80 millimètres de diamètre, ceux des embranchements en ont 54. Chaque tonneau est mis en communication avec la ligne de tuyaux au moyen d'un T.

Pour distribuer l'eau à volonté et suivant le besoin, on place une grosse cannelle au départ de la cuve et une petite à chaque tonneau. (Voir fig. 3 B.) Ces tuyaux doivent être posés sur un sol ferme, de manière à ne subir aucun tassement ; on les lute avec du mastic de fontainier ou du bitume. Pour amener l'eau du réservoir dans les 20 tonneaux il faut 295 mètres de tuyaux, qui, tout posés, coûtent 1 fr. le mètre.

Par ce système on peut éviter toutes les pertes d'eau ; car, dans le cas où un tuyau viendrait à crever, en fermant les cannelles il est facile de laisser les tonneaux pleins, de même que, s'il était nécessaire de changer un tonneau, on le pourrait sans vider même les plus rapprochés.

Malgré les avantages que nous venons de signaler, l'emploi des tuyaux de grès a le désagrément d'exiger des réparations qui peuvent devenir nécessaires à des époques où, quelque simples qu'elles soient, elles occasionnent beaucoup d'embarras. C'est ce qui a déterminé M. Lenormand à remplacer les tuyaux de grès par des tuyaux de fonte de même diamètre. Ces tuyaux ne reviennent qu'à 2 fr. ou 2 fr. 50 c. de plus que ceux de grès, augmentation qui n'est rien si on la compare à la durée.

Il est facile de comprendre qu'avec ce système de distribution, quel que soit le point où l'on veut arroser, on n'a pas loin à aller pour avoir de l'eau, et un seul homme peut arroser, dans un temps donné, autant que deux pendant le même temps dans d'autres circonstances.

Pour que les plantes profitassent le plus possible des arrosements, il faudrait, pendant les journées chaudes de juin, juillet et août, arroser dans l'après-midi; mais, au printemps et à l'automne, époque où les nuits sont ordinairement fraîches, on ne doit arroser que le matin. Les maraîchers le savent très-bien; mais, vu l'étendue de terrain qu'ils ont à arroser chaque jour et la nature perméable du sol, qui, dans les temps de sécheresse, oblige souvent d'arroser les mêmes planches deux fois dans la même journée, on comprend qu'il leur est impossible d'avoir égard aux considérations ci-dessus ; c'est pourquoi, dans les temps de sécheresse, ils commencent à arroser dès le matin pour ne finir que le soir. On met alors le cheval à la pompe vers huit heures du matin, et il reste attelé jusqu'à une heure ; puis on l'y remet à trois heures, et il y reste alors jusqu'à six ou sept heures.

Il résulte de là qu'en tenant compte du temps de repos on peut dire que, pour arroser un marais d'un demi-hectare, il faut, pendant les chaleurs, que le cheval tire de l'eau pendant au moins 8 heures chaque jour, ce qui ne fait pas moins de 96,000 litres ou 96 mètres cubes d'eau employés dans une seule journée.

L'irrigation telle qu'on la pratique dans les jardins maraîchers du midi de la France nous ayant paru présenter quelque intérêt en raison des services que ce mode d'arrosage peut rendre dans la culture des gros légumes, nous dirons que, partout où ce procédé est en usage, on emploie pour tirer l'eau du puits la noria espagnole. Quelle que soit l'étendue du jardin, l'eau, en sortant du puits, est immédiatement dirigée, par des rigoles tranchées dans le sol, sur toutes les planches que l'on veut arroser.

Tous ces jardins sont à cet effet divisés en planches fort étroites ; chacune de ces planches est séparée par une rigole qui communique directement avec la rigole principale.

L'ouvrier chargé des arrosages, dit M. Maffre dans son Mémoire sur la culture des jardins maraîchers du midi de la France, a d'abord le soin de suivre le cours de l'eau le long des rigoles qu'elle parcourt, d'enlever avec son outil les herbes et autres matières qui en retardent la marche, de fermer avec de la terre toutes les issues qui pourraient occasionner un déversement, d'enlever les petits batardeaux qui avaient servi auparavant à la mener ailleurs que sur le point où il doit la conduire, et enfin d'en détourner la marche pour l'introduire sur la planche qu'il doit arroser. Là il la dirige dans le premier ou dans le dernier rayon par lequel il veut commencer son travail, et lorsque ce rayon est plein il en ferme l'issue et en ouvre une autre à la suite pour y introduire l'eau. qui arrive toujours d'une manière régulière et constante, et ainsi successivement jusqu'au dernier, en ayant l'attention d'aller dévier le courant vers une autre planche pour que l'eau ne surabonde pas trop à la fin de l'opération et qu'il n'en arrive que la quantité nécessaire pour la compléter.

Par ce procédé, une fois les dispositions générales terminées, tout le travail se réduit, comme on le voit, à diriger l'eau dans les rigoles.

L'engrais humain, étendu d'une grande quantité d'eau, peut être employé avec avantage sous forme d'arrosement, sans que l'on ait craindre qu'il communique aux légumes une saveur désagréable. Une petite quantité de guano du Pérou ajouté à l'eau des arrosements produit également des effets très-remarquables sur le développement des plantes potagères; seulement il faut en user modérément.

CHAPITRE VII.

Outils, instruments et machines propres à l'exploitation d'un jardin maraîcher.

Nous avons arrêté notre choix sur tout ce qui peut faciliter ou simplifier les opérations, ce qui fait qu'au nombre des objets que nous allons mentionner il pourra s'en trouver quelques-uns encore peu connus des horticulteurs maraîchers.

Arrosoirs à pomme. — Ils doivent être en cuivre pour avoir plus de durée ; leur capacité ordinaire est de 10 litres ; ils coûtent de 30 à 32 fr. la paire.

Bêche de Soissons. — La lame est un peu évidée du milieu ; elle a 27 centimètres de longueur sur 20 centimètres de largeur par le haut et 16 par le bas. Au lieu d'avoir une douille comme les autres bêches, la lame en est fixée au manche au moyen de deux chevilles rivées. Cette bêche, qui n'est pas lourde, est très-favorable pour les labours des marais de Paris, dont le sol est léger ; mais on n'en trouve pas dans le commerce ; il faut la faire venir de Soissons, où on la fabrique.

Bêche de Senlis. — Cette bêche est aussi en grande réputation ; celle qu'on emploie le plus ordinairement a 30 centimètres de hauteur, 22 de largeur par le haut et 18 par le bas ; elle coûte 5 fr. avec le manche.

Binette à croc. — Cette binette, dont la lame est double, offre un taillant d'un côté et deux longues dents de l'autre ; elle coûte de 1 fr. 50 cent. à 2 fr.

Bordoir. — Autrefois on appelait ainsi une longue planche qu'on plaçait de champ sur le bord des couches à cloches pour retenir le terreau pendant le temps qu'on le foulait et jusqu'à ce qu'il eût acquis assez de consistance pour tenir seul. Maintenant on se sert pour cet usage d'une planche d'environ 1 m. de longueur sur 20 cent. de large, à laquelle on adapte une poignée en bois.

Chargeoir. — Il sert à poser la hotte pendant qu'on la charge. L'ensemble des deux pièces de bois qui le composent forme un T. La traverse la plus longue a environ 70 centim. de longueur, l'autre 35 centim.; elle est fixée au milieu de la première par un tenon et une mortaise. A l'extrémité on enfonce deux bouts de bois formant une paire de cornes contre lesquelles on appuie la hotte, et sur l'autre partie on rapporte une tringle qui est destinée à maintenir les pieds de celle-ci. Le tout est élevé d'environ 85 centimètres au moyen d'un pied placé à chacune des trois extrémités, auxquelles, pour avoir plus d'équilibre, on donne plus d'écartement par le bas que par le haut. Ce chargeoir coûte 6 fr.

Charrette. — Elle doit être proportionnée à la force du cheval. Le plus ordinairement elle coûte 450 fr.

Depuis quelque temps un grand nombre de maraîchers ont fait suspendre leurs charrettes, ce qui en augmente le prix d'environ 200 fr., il est vrai ; mais cette amélioration est fort avantageuse pour le transport des produits.

Châssis. — Les châssis ont pour objet d'augmenter la chaleur des couches et de permettre la culture des plantes potagères qui ne réussissent pas à l'air libre ; aussi les emploie-t-on avantageusement pour faire des primeurs (fig. 4).

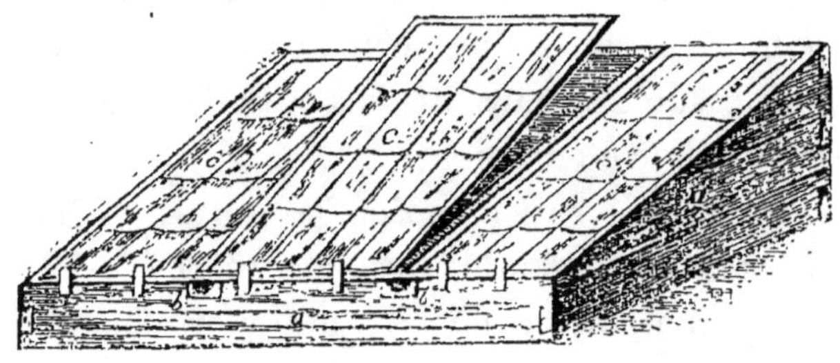

Fig. 4. — Châssis.

Les châssis se composent de deux parties : le coffre **A A**, et les panneaux **C C C**. Chaque coffre a 4 mètres de longueur et 1 mètre 33 centimètres de largeur ; il est formé de quatre planches clouées sur quatre pieds en chêne placés intérieurement aux quatre coins. Les pieds de derrière ont ordinairement 32 centimètres de hauteur et ceux de devant 26 centimètres. La planche de derrière et celle de

devant sont en sapin ; celles qui forment la tête, à
chaque bout, sont ordinairement en chêne de bateau.
Il est à regretter que le besoin des plantes ne per-
mette pas de graduer l'inclinaison des panneaux;
car, pour ne rien laisser perdre de la chaleur du soleil qui frappe sur les vitraux, il faudrait que les panneaux fussent perpendiculaires à la direction de ses
rayons. Ainsi, sous la latitude de Paris, il faudrait,
pendant les mois d'hiver, donner les inclinaisons
suivantes :

Novembre,   68° 39'
Décembre,   72° 18'
Janvier,   68° 52'
Février,   59° 35'
Mars,   48° 50'
Avril,   37° 11'

tandis que dans l'état actuel des choses l'inclinaison
des panneaux n'est que de 4° 22'.

On maintient l'écartement de ces coffres au moyen
de deux barres de chêne B B, d'environ 7 centimètres
de largeur, assemblées à queue d'aronde par le haut
et par le bas. Ces barres servent aussi de support
aux panneaux. Seuls, ces coffres coûtent de 5 à 6
francs chacun.

Les panneaux se composent d'un cadre de bois
de chêne de 47 millimètres d'épaisseur et de 1 mètre
33 centimètres de largeur sur 1 mètre 36 centimètres de longueur; ils sont divisés par trois petites
barres à feuillures, de même épaisseur que le cadre,
et assemblées à tenons et mortaises dans les tra-
verses. Ces petites barres peuvent être remplacées

par des montants en fer, qu'on fixe sur les traverses avec des vis. Comme ces montants sont beaucoup moins larges que les barres en bois, il en résulte qu'on a beaucoup plus de lumière sous les panneaux, avantage précieux en hiver. Lorsque le cadre vient à manquer, on enlève les montants pour les adapter à un autre cadre. Ainsi, bien que ces panneaux reviennent primitivement plus cher, il y a économie réelle à les adopter.

Les panneaux ordinaires coûtent de 6 fr. à 6 fr. 50 c. chacun ; peints et vitrés, ils reviennent à 12 fr. Les 100 panneaux avec leurs coffres coûtent de 1,350 à 1,400 fr., et ceux à montants en fer, également avec leurs coffres, 1,800 fr.

Depuis quelques années, les jardiniers-fleuristes de Paris emploient des châssis vitrés à double verre, ce qui leur permet d'enlever les paillassons de leurs serres pendant le jour, quel que soit l'état de la température. Malgré les avantages que présentent ces châssis, les maraîchers ne les ont pas encore adoptés, bien qu'ils aient tout intérêt à le faire, car les plantes qu'ils cultivent ont plus besoin que beaucoup d'autres de lumière pendant l'hiver.

Ces châssis ne diffèrent des châssis ordinaires que par une double feuillure qui permet de conserver entre les deux verres un petit intervalle ; précaution indispensable, car ce n'est pas, à ce qu'il paraît, l'épaisseur du verre qui préserve le plus efficacement les plantes du froid, mais bien la couche d'air qui se trouve interposée entre les deux feuilles de verre.

Cloches. — Les cloches de verre sont les plus

simples et les plus anciens de tous les abris, car leur usage remonte à l'an 1623 environ. On les emploie à élever les plants et à garantir du froid et de l'humidité les plantes qui ont besoin d'une température plus élevée que celle de l'atmosphère. Elles sont surmontées d'un bouton de verre qui sert à les saisir pour les transporter. On en fait de plusieurs grandeurs, mais celles le plus généralement en usage ont 40 c. de diam. Il faut avoir soin de choisir celles dont le verre est le plus blanc, car elles sont sujettes à se ternir, et alors elles concentrent moins la chaleur. Il est nécessaire de les laver de temps en temps. Lorsqu'elles ne servent plus on les met l'une dans l'autre, en ayant soin de les séparer par un peu de paille pour éviter qu'elles ne se cassent; puis on les dépose dans un lieu sec ou bien on les recouvre avec de la grande litière. Il y a quelques années, elles coûtaient 100 fr. le cent, puis 90 fr.; maintenant elles ne coûtent plus que 80 fr. Quand il arrive à une cloche un accident trop léger pour qu'elle soit mise au rebut, on raccommode la cassure avec du blanc de céruse.

Cordeau. — Pièce de corde qui doit avoir au moins 30 mètres de longueur.

On attache chaque extrémité à un piquet sur lequel on enroule le cordeau lorsqu'on ne s'en sert pas. Un cordeau de cette longueur coûte à peu près 2 fr. Le prix varie suivant la grosseur de la corde.

Couteau à Asperges. — Cet instrument a environ 35 cent. de longueur, y compris le manche. Son extrémité est recourbée et dentée en scie.

Crémaillère. — La crémaillère est une planchette d'environ 25 c. de longueur sur 4 de largeur, entaillée d'un côté de crans profonds sur lesquels on appuie le bord de la cloche. Si l'on veut que cette dernière soit entièrement suspendue, on place trois crémaillères pour la supporter.

Crochet à donner de l'air. — Ces crochets ont environ 10 centimètres de longueur; leurs extrémités sont recourbées à angle droit. L'une de ces extrémités forme une patte; l'autre est pointue, de manière à entrer facilement dans le coffre.

Comme il est arrivé plusieurs fois que des panneaux ont été enlevés par le vent, il faut, lorsqu'on veut donner de l'air, placer un de ces crochets à chaque panneau, ce qui doit avoir lieu de la manière suivante. Après avoir placé la cale de bois qu'on emploie pour soulever le panneau, on pose la patte du crochet sur le panneau, puis avec la paume de la main on enfonce l'autre extrémité dans le bois du coffre. De cette manière on maintient les panneaux à la hauteur voulue sans avoir à redouter aucun accident. Ces crochets coûtent de 5 à 6 fr. le cent.

Crochets ou mains de fer (pour soulever les coffres). — Ils ont environ 50 centimètres de longueur. L'une des extrémités forme un anneau dans lequel on passe la main, l'autre un crochet. Ils sont très-utiles lorsque, par suite du tassement des couches, les coffres baissent plus d'un bout que de l'autre, ou bien s'il devient nécessaire de les relever complétement. La paire de crochets coûte de 4 fr. 50 c. à 5 fr.

Fourche ordinaire. — Elle sert à faire des couches, à charger les fumiers et à herser les semis. Elle coûte ordinairement 4 fr.

Hersoir. — Cet instrument est peu connu, quoique bien préférable à la fourche pour le hersage des semis. On l'emploie depuis fort longtemps au potager de Versailles. Il a la forme d'un râteau. Sa longueur est de 33 cent. Les dents sont à environ 3 cent. de distance; elles ont 10 centimètres de longueur; la douille en a 25. Le tout est en fer. Le prix de ce hersoir est de 3 fr.

Hottereau (les jardiniers prononcent *hottriau*). — Il sert au transport des fumiers et du terreau. Dans les jardins maraîchers il remplace la brouette. Un bon hottereau coûte 6 fr.

Hottes (*petites*). — Elles servent à disposer pour la vente certaines légumes, tels que les Choux-fleurs; mais elles sont moins employées maintenant qu'elles ne l'étaient autrefois, car dans bien des circonstances on les remplace par des mannettes. Elles coûtent 2 fr. 75 c. chacune.

Métier à paillassons. — Il se compose d'un cadre de bois de 2 mètres de longueur sur 1 mètre 33 centimètres de largeur, portant à ses deux extrémités autant de chevilles sans tête qu'on y veut tendre de ficelles, ce qui dépend de la longueur que l'on donne au paillasson. On est dans l'habitude de ne mettre que trois rangs; cependant pour plus de solidité il vaudrait mieux en mettre quatre. On attache les ficelles aux chevilles du bas par une boucle fixe, et à celles du haut par un nœud coulant, ce qui permet de les tendre autant qu'il est nécessaire. Une fois chaque ficelle tendue, on lui laisse le double de la longueur du cadre; cet excédant de longueur sert à coudre le paillasson. Après cela on pose en travers et aussi également que possible deux couches de paille de seigle que l'on étend tête-bêche, et, après avoir roulé la ficelle du rang du milieu sur une espèce de navette faite avec un morceau de bois de 8 centimètres de longueur et évidé sur les côtés, on prend une pincée de paille, et l'on passe la navette de droite à gauche par-dessus la paille et par-dessous la ficelle; puis on revient en dessus l'engager dans l'anse formée par la ficelle, et l'on serre en tirant droit devant soi, en ayant soin de presser la paille entre le pouce et l'index de la main gauche, afin d'avoir une maille plate, et non ronde. On continue ainsi avec la même navette dans toute la longueur du paillasson, et, lorsqu'on est arrivé au bout, on arrête la ficelle par un nœud. On passe ensuite aux autres rangs, que l'on coud de la même manière, en se guidant, pour les mailles du bord, sur celles du milieu. Une fois le paillasson terminé, on coupe les épis, qui débordent de chaque côté.

Quoique ces paillassons soient destinés à couvrir des panneaux de 1 mètre 33 centimètres de largeur, il faut leur donner 2 mètres de longueur, parce qu'à l'humidité ils se raccourcissent d'environ 3o centimètres, ce qui fait qu'il ne leur reste plus que la dimension voulue.

Ces paillassons reviennent de 55 à 6o centimes chacun; car, avec un botteau de paille coulée, dont

le prix varie selon les années, mais dont la valeur
moyenne est de 1 fr. 25 c., on fait trois paillassons.
Il faut, pour coudre chacun d'eux, environ 1 hecto-
gramme de ficelle, qui coûte 2 fr. le kilogramme.

Au concours agricole de 1856, M. le docteur
J. Guyot avait exposé un métier à paillassons dont il
est l'inventeur ; ce métier permet de fabriquer des
paillassons qui coûtent moins de 10 centimes le
mètre. Bien qu'ils soient beaucoup trop étroits pour
qu'on puisse les employer à couvrir les couches, ces
paillassons peuvent servir en jardinage pour établir
des abris destinés à protéger certaines cultures contre
les gelées de printemps.

Pelle de bois. —Comme elle est à peu près partout la même, nous croyons inutile d'en indiquer les
proportions. Elle coûte ordinairement 75 centimes.

Plantoir. — Pour faire un plantoir on choisit une
branche d'arbre courbée à son extrémité, puis on
effile la partie qui doit être enfoncée en terre, et,
pour lui donner plus de durée et de pénétrabilité, on
la fait garnir de fer ou de cuivre. Il coûte alors
1 fr. 75 c. environ.

Râteau (râteau simple à dents de fer). — Cet outil
sert à nettoyer les allées, à unir la surface du terrain
nouvellement labouré, puis à recouvrir les semis. Il
faut en avoir au moins deux, l'un d'environ 30 centimètres de largeur, l'autre de 45. Il coûte 10 centimes la dent.

Ratissoire à tirer. — C'est la plus généralement
employée dans les marais. La lame est faite d'un morceau de vieille faux montée sur une douille avec des

rivets, ce qui permet de la changer au besoin. Le manche doit avoir 1 mètre 15 centimètres de longueur. Elle coûte 1 fr. 50 c.

Thermomètre. — Il est de toute nécessité d'avoir au moins un thermomètre pour pouvoir juger de l'intensité du froid et de la chaleur. Il doit être placé à une hauteur telle qu'il soit hors de l'atmosphère formée par les émanations du sol.

Thermomètres à couches. — Quoique beaucoup de jardiniers n'aient ordinairement pas besoin d'avoir recours au thermomètre pour juger du degré de chaleur d'une couche, il serait plus prudent, en bien des circonstances, de consulter cet instrument, car pour ces opérations l'expérience n'est pas un guide sur lequel on puisse toujours compter.

Thermosiphon. — Bien que l'invention du thermosiphon remonte à 1777 (1), ce ne fut qu'en 1828 que MM. Grison et Gontier, jardiniers en chef du potager du roi, firent l'application de ce nouveau système de chauffage à la culture des légumes forcés. A partir de cette époque le thermosiphon a subi différentes modifications avant d'atteindre le degré de perfection auquel il est arrivé.

Les thermosiphons dont on se sert pour le chauffage des serres et des bâches (ou coffres) sont appelés à effet prompt, parce qu'ils en doivent élever la température dans le plus court espace de temps possible. Les proportions de cet appareil diffèrent sui-

____

(1) L'invention du thermosiphon est dû à M. Bonnemain, ingénieur français (*Bulletin de la Société d'Encouragement*, année 1824).

vant la dimension des bâches à chauffer et selon le degré de température qu'on veut obtenir, car c'est une erreur grave de croire que le même appareil puisse être employé avec un égal avantage en toute circonstance. Ainsi, avant de faire construire un appareil de chauffage, il est bon de calculer le volume d'air qu'on veut échauffer, afin de pouvoir donner ces renseignements au constructeur chargé de fournir l'appareil. Pour bien faire comprendre les dispositions de ce système de chauffage nous ne pouvions mieux faire que de donner un dessin exact du modèle adopté par M. Gontier, le primeuriste, pour le chauffage de ses serres à forcer.

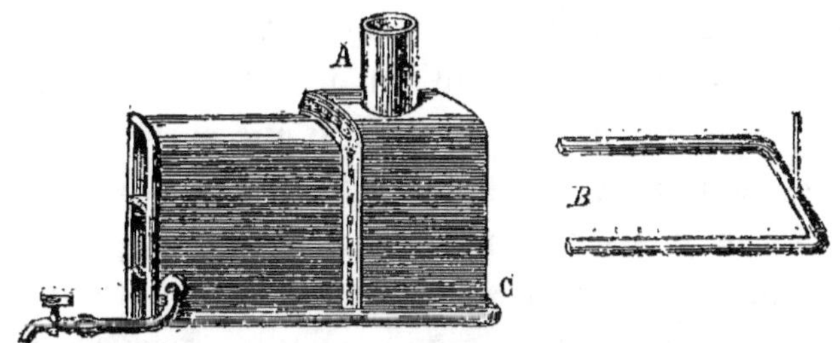

Fig. 5. — Thermosiphon.

La figure 5 représente une chaudière en cuivre, à doubles parois, remplie d'eau. Le tuyau de départ A sert également à introduire l'eau dans la chaudière; il communique avec les tuyaux de circulation B au moyen d'un coude de même diamètre.

Aussitôt échauffée, l'eau contenue dans la chaudière se dilate, pousse celle qui se trouve dans les tuyaux jusqu'au point C, où elle rentre dans la chaudière pour se réchauffer et circuler de nouveau dans les tuyaux quand elle est suffisamment chaude.

Quant aux tuyaux, lorsque le parcours est d'une certaine étendue, on leur donne la forme méplate; on obtient ainsi une plus grande surface de chauffe qu'avec les tuyaux cylindriques, et, une moins grande quantité d'eau étant nécessaire, elle parvient au point d'ébullition plus promptement que dans ces derniers. On donne généralement aux tuyaux méplats de 2 à 3 cent. d'épaisseur sur une hauteur qui varie entre 10 à 15, suivant le cube d'air à échauffer et l'élévation de température qu'on veut obtenir. Les tuyaux de $0^m,21$ sur $0^m,02$ sont assez communément en usage. En effet, les tuyaux cylindriques dont la surface extérieure correspond à celle du tuyau de $0^m,21$ de hauteur sur $0^m,02$ contiennent 4 litres 20 d'eau, et la même longueur en tuyaux d'une surface extérieure semblable, c'est-à-dire d'un diamètre de $0^m,15$, en contiendrait 15 litres 17. Il est vrai que l'eau chaude contenue dans le tuyau cylindrique se refroidira moins vite que dans l'autre, mais aussi il aura fallu, pour la mettre en ébullition, brûler plus de combustible sans avoir obtenu plus de surface de chauffe, et par conséquent plus de chaleur.

Cependant, pour des longueurs de peu d'étendue, il est préférable d'employer des tuyaux cylindriques ou d'avoir des dépôts de chaleur au moyen de *poêles d'eau*. Dans ce cas, des tuyaux méplats auraient l'inconvénient de forcer à faire du feu plus souvent, par suite du refroidissement plus prompt d'un moins grand volume d'eau. Nous pensons qu'on se convaincra, par la réflexion seule, qu'il est plus avantageux d'employer pour de longs parcours les tuyaux méplats, et dans les cas ordinaires ceux de forme cylindrique. Comme pour les premiers, le diamètre de ces derniers doit toujours être en rapport avec le cube d'air à chauffer et avec l'élévation de température qu'on désire obtenir.

Bien que la chaleur que produit le thermosiphon soit beaucoup moins sèche que celle de l'air brûlé, il est cependant quelques circonstances où elle pourrait nuire à la végétation des plantes ; c'est pourquoi l'on a imaginé, afin de remédier à cet inconvénient, d'établir sur les tuyaux une petite gouttière où l'on entretient de l'eau qui, en chauffant, répand une vapeur humide très-favorable à la végétation.

CHAPITRE VIII.

Des diverses opérations de culture.

Les travaux maraîchers se composent annuellement d'un cercle d'opérations qui nécessitent soit de la force, soit de l'assiduité ; c'est pourquoi, dans ces établissements, chacun a des fonctions rigoureusement déterminées. Les hommes exécutent naturellement les travaux les plus rudes, tels que les labours, les arrosements, le transport des fumiers, le montage des couches, etc.; les femmes font les sarclages, les récoltes, préparent et vendent les produits.

Les jeunes filles partagent les travaux de leur mère, et les garçons sont de bonne heure exercés aux travaux de leur père; mais, jusqu'à ce qu'ils puissent les partager, ils aident leur mère. Cette répartition du travail est tellement naturelle qu'il paraît impossible d'y rien changer. Cependant il reste un certain nombre d'opérations, telles que les semis et les repi-

quages, auxquelles les femmes devraient être exer-
cées, quoiqu'il soit presque impossible de leur imposer
plus de travail qu'elles n'en ont. Le conseil que nous
donnons ici tient à ce que ces opérations sont de la
plus haute importance et ne peuvent être retardées
sans occasionner un préjudice grave, que la maladie
ou la mort d'un chef d'établissement peut y causer
beaucoup de désordre, quelquefois même amener
la ruine d'une famille, s'il ne laisse après lui un fils
en âge de le remplacer, ce qui résulte nécessairement du défaut de connaissances qui manquent à
beaucoup de femmes de maraîchers, et qu'il leur
serait facile d'acquérir.

Opérations qui se pratiquent dans la culture de pleine terre.

Défoncements. — Cette opération n'a lieu que lors
de l'établissement d'un jardin; encore ne doit-on y
avoir recours que lorsque la surface du sol se trouve
dans de mauvaises conditions; car il se développe
à la suite d'un défoncement une quantité considérable de mauvaises herbes dont on est fort longtemps
à se débarrasser, ce qui, dans les premières années,
est très-préjudiciable aux cultures maraîchères. C'est
pourquoi on y a rarement recours. Cependant, lorsqu'elle est nécessaire, elle doit avoir lieu à l'automne
et de la manière suivante. On divise le terrain en
deux, trois ou quatre parties, selon son étendue et le
nombre d'ouvriers dont on dispose; après quoi on
ouvre à l'une des extrémités une tranchée de 1 mètre
60 cent. à 2 mètres de largeur et d'environ 65 cent.

de profondeur. On dépose la terre extraite de cette tranchée au bout opposé, c'est-à-dire à celui où l'on doit terminer, et elle sert à combler le vide de la dernière. On remplace successivement chaque tranchée par une autre de même longueur et de même largeur, en ayant soin de mettre au fond la terre de la superficie, ainsi que toutes les parties de mauvaise terre qu'on trouve pendant l'opération. Le défoncement terminé, on donne un coup de fourche pour briser les mottes de terre et unir la surface du terrain, puis on passe le râteau pour enlever les pierres.

Labours. — Dans les jardins maraîchers, où le terrain est rarement inoccupé, il n'y a pas, à proprement parler, d'époque déterminée pour exécuter les labours. On pourrait cependant dire que l'on commence les premiers dès le mois d'octobre. C'est aussi à partir de cette époque, et pendant tout l'hiver, qu'on enterre les fumiers; aussi, dans cette saison, les labours doivent-ils être plus profonds que ceux qui ont lieu ultérieurement, et lorsqu'on veut faire succéder une culture ou saison à une autre. Dans les jardins, les labours se font à la bêche. Avant de commencer cette opération, on enlève de la terre de manière à former une jauge de la profondeur d'un bon fer de bêche (25 à 30 centimètres environ), de 30 à 35 centimètres de largeur, et de la longueur du travers d'une planche, pour un seul homme. Si l'on a à labourer deux planches à côté l'une de l'autre, on déposera la terre de la jauge sur celle d'à côté sans la transporter à l'autre extrémité; mais, si l'on n'en a qu'une, on la déposera au bout par lequel on doit terminer, de manière à avoir de quoi remplir la dernière jauge. On laboure à reculons, en prenant la terre par bêchée, que l'on replace sur le bord opposé de la jauge, en la retournant chaque fois, pour que celle du fond se trouve en dessus. Il faut aussi avoir soin, en labourant, de mettre la terre des sentiers dans les planches, car elle se sera amendée par une année de repos. Pour les labours d'hiver, on met du fumier dans chaque jauge, en ayant soin de ne pas l'enterrer trop profondément, afin qu'il se trouve à la portée des racines. On brise soigneusement les mottes de terre avec la bêche, puis on jette de côté les pierres que l'on rencontre. Pour labourer une planche de 24 mètres de longueur sur 2 mètres de largeur, un homme ne peut pas employer moins d'une heure à une heure et demie, selon la nature du terrain.

Hersage. — Cette opération se fait ordinairement à la fourche, mais mieux avec le hersoir, et dans les circonstances suivantes : après les labours, afin de bien briser les mottes de terre et de ramener les pierres à la surface du terrain, et, sur les semis à la volée, de manière à répartir les graines également et à les mettre en contact avec la terre.

Dressage des planches. — Quel que soit le mode de semis ou de plantation, la préparation du sol est une opération préalable de la plus haute importance ; ainsi le terrain doit être labouré avec soin et les mottes de terre bien divisées. Après le labour, on divise le terrain par planches de 2 mètres 33 centimètres de largeur, entre chacune desquelles on laisse un sentier de 33 centimètres. Ensuite on herse chaque planche avec la fourche, et on enlève avec le râteau les pierres et les mottes qui sont restées à la surface; puis, suivant sa destination, on la laisse dans cet état, ou bien l'on trace avec le pied des lignes dans le sens de la longueur des planches, ce qui a lieu en marchant régulièrement les pieds écartés, de manière à faire deux rayons à la fois.

Semis. — La plus grande partie des graines potagères peuvent être semées au printemps, puis successivement à des intervalles calculés sur la durée de végétation de chaque plante, mais sans qu'il soit nécessaire de consulter le cours de la lune; car aujourd'hui personne ne croit plus aux influences lunaires sur la végétation, et, s'il arrive que beaucoup de jardiniers sèment de préférence le jour de la fête de tel ou tel saint, c'est que presque toujours leur époque coïncide avec une température favorable au succès de l'opération. A l'exception de quelques salades, il ne faut pas semer plus tard que dans le mois de juillet les légumes qui doivent être consommés dans la même année; il est donc nécessaire, avant de semer, de connaître non-seulement le temps qu'exige la germination des graines, mais encore combien il faudra attendre pour que les plantes aient atteint leur complet développement. On doit aussi avancer ou reculer l'époque du semis en raison de la nature du terrain; plus la terre est froide et humide, plus il faut semer tard et moins les graines doivent être couvertes; plus les graines sont fines, moins il faut les enterrer; il suffit même, pour quelques-unes, de répandre dessus un peu de terreau après les avoir hersées et foulées; d'autres, telles que la Raiponce, ne doivent pas être recouvertes, mais seulement ombragées avec un peu de litière (1).

Semis à champ ou à la volée. — La terre étant préparée comme il a été dit plus haut, on amène avec le râteau un peu de terre fine sur les bords de la planche, puis on prend une poignée de graines, et on la répand sur le sol en la laissant passer entre les doigts par un mouvement d'arrière en avant. Afin de semer plus également et de ne pas répandre de graines dans les sentiers, on sème la largeur de la planche en deux fois, en commençant par les bords. Lorsque les graines sont bonnes, il ne faut pas semer trop épais, afin d'avoir des plants vigoureux; si, malgré cette précaution, ils étaient trop drus, il faudrait les éclaircir à la main. Comme il est extrêmement difficile de ne pas semer trop épais les graines fines, on peut, pour éviter cet inconvénient, les mêler avec du sable ou de la terre bien sèche. Après le semis on herse le terrain légèrement, on le foule (voir l'article *Plombage*), et pour couvrir les graines on étend

(1) Pour réparer la perte d'un semis détruit soit par les gelées printanières, soit par toute autre cause, l'on peut faire tremper la graine dans l'eau avant de semer. A ce sujet nous dirons que beaucoup de cultivateurs ont l'habitude de mettre les graines qu'ils veulent semer dans un petit sac de toile qu'ils font tremper dans l'eau et qu'ils suspendent ensuite dans la pièce la plus chaude de leur habitation, jusqu'à ce que les graines commencent à germer. Nous ajouterons que ce procédé est suivi par tous les jardiniers de Strasbourg, à la seule différence près qu'ils mélangent leurs graines avec une partie de bois pourri (particulièrement du bois de Saule) avant de les faire tremper.

avec le dos du râteau la terre des bords de la planche, en ayant soin cependant d'en laisser un peu, de manière à retenir l'eau des arrosements, ou bien l'on étend sur le semis une légère couche de terreau (environ dix hottées pour chaque planche); puis, si le temps est sec, il faut avoir soin de favoriser la germination des graines par des bassinages donnés avec l'arrosoir à pomme.

Semis sur couche. — Comme il est souvent nécessaire de faire des semis à une époque où la température ne permet pas de livrer les graines à la pleine terre, il faut alors semer sur couche. Bien que la chaleur de la couche doive varier suivant les différentes espèces de graines, l'on peut dire que 12 à 15 degrés paraissent être la température la plus favorable (excepté pour les Melons, les Aubergines et la Chicorée, qui exigent plus de chaleur), car toutes les graines potagères que nous avons soumises à cette température ont parfaitement réussi.

Quant à l'exécution des semis sur couche, elle ne diffère en rien de celui de pleine terre, c'est-à-dire que les graines doivent toujours être recouvertes en raison de leur plus ou moins de finesse. Ces semis réussissent souvent beaucoup mieux que ceux de pleine terre, et cela parce qu'on est maître de modifier à son gré les conditions de température, de lumière et d'humidité nécessaires au parfait développement des graines.

Semis en lignes ou en rayons. — Pour semer en lignes on trace avec le pied des rayons d'environ 2 centimètres de profondeur, plus ou moins éloignés les uns des autres, suivant ce que l'on veut semer. Après avoir répandu les graines, on repasse entre les rayons, et avec les pieds on fait tomber à droite et à gauche la terre sur les graines ; après quoi on passe le râteau sur le tout, puis on étend une couche de terreau d'environ 2 centimètres d'épaisseur. Ce mode de semis est très-avantageux, surtout dans les terrains où les binages doivent être fréquents.

Plombage. — Cette opération, dont le but est de mettre les graines en contact avec la terre et de rendre celle-ci plus compacte, consiste à fouler le terrain avec les pieds, en marchant à petits pas, les pieds l'un à côté de l'autre ; ou bien l'on appuie légèrement avec une planche dans laquelle on enfonce les dents d'une fourche, de manière à se servir de cette planche comme d'une batte. Le plombage, en toutes circonstances, ne doit être opéré que par un temps sec.

Repiquage. — Le repiquage est nécessaire pour toutes les plantes qui ne peuvent être semées en place. Pour être certain du succès de l'opération, il ne faut pas attendre que le plant soit trop vieux, car non-seulement la reprise en est plus incertaine, mais les produits en sont moins beaux. Comme il est des plantes dont la reprise est difficile, il faut, avant de les mettre en place, les repiquer en pépinière, c'est-à-dire les mettre à bonne exposition et très-près les unes des autres. Ces repiquages successifs ont l'avantage de déterminer l'émission d'une grande quantité de chevelu qui assure la reprise lors de la plantation définitive. Le repiquage ne doit se faire que dans une terre bien préparée, et sur laquelle on aura étendu un paillis de fumier court, pour que, d'une part, le plant profite plus longtemps des arrosements, et, d'un autre côté, que les arrosements ne collent pas le plant sur la terre, ce qui occasionne souvent la pourriture des feuilles.

Lorsque le terrain est prêt à recevoir le plant, on repique à une distance calculée sur l'étendue que chaque plant devra occuper. Voici la manière d'opérer : on prend une poignée de plants de la main gauche et le plantoir de la main droite ; on fait un trou (si la terre est sèche, il faut auparavant bassiner la planche), et, sans quitter les plants qu'on a dans la main, on introduit dans le trou les racines de celui qu'on veut repiquer, puis on le borne, ce qui consiste à appuyer la terre avec le plantoir contre les racines.

Pendant l'été les repiquages doivent, autant que possible, être faits par un temps couvert ; s'il ne survient pas de temps favorable, on fait ce travail le matin ou le soir, et, dans un cas comme dans l'autre, aussitôt après on arrose chaque plant au pied, de manière à faire pénétrer la terre entre les racines et à faciliter la reprise.

Sarclage. — Le sarclage consiste à faire disparaître du sol les plantes et les mauvaises herbes étrangères à la culture. Dans les jardins maraîchers cette opération se fait à la main et exige une certaine pratique, afin de distinguer au premier coup d'œil les plantes qu'il faut enlever d'avec celles qu'il faut conserver. On conçoit que ce travail doit offrir beaucoup de difficultés lorsque la terre est sèche. C'est pourquoi, dans ce cas, il faut avoir soin de bassiner, une heure au moins avant de commencer cette opération, les planches qui ont besoin d'être sarclées.

Binage. — Le binage est une opération non moins nécessaire aux plantes potagères que le sarclage; elle a lieu à l'aide de la binette, et, suivant le besoin, on emploie la lame ou les dents.

Le binage a pour but de diviser la surface du sol, afin de rendre la terre perméable aux influences atmosphériques; l'expérience a prouvé que les plantes dont les racines ne pénètrent pas très-avant dans le sol souffrent moins de la sécheresse lorsque la surface du sol est ameublie. Dans quelques circonstances (par exemple pour les plantes repiquées) le binage peut remplacer le sarclage, et quelquefois alors on peut, au lieu de la binette, employer la ratissoire.

Arrosements. — Il n'est pas possible de déterminer d'une manière rigoureuse les circonstances dans lesquelles doivent avoir lieu les arrosements; mais l'on peut dire, en thèse générale, que, dès que les plantes potagères commencent à végéter, la terre doit être abondamment humectée, afin d'obtenir non-seulement une végétation vigoureuse, mais encore des légumes tendres et succulents.

Dans les marais de Paris les arrosements ont généralement lieu au moyen d'arrosoirs à pomme percée de trous fins; car, pendant la sécheresse il ne suffit pas de mouiller les racines, il faut encore procurer aux feuilles l'humidité qu'elles ne trouvent plus dans l'atmosphère. Cependant il arrive aussi que pendant les grandes chaleurs on arrose certains légumes au pied; alors on verse l'eau par la gueule de l'arrosoir, ce qui toutefois ne doit avoir lieu que pour les gros légumes qui demandent beaucoup d'eau. Enfin les arrosements doivent être plus ou moins abondants suivant la température, la nature du sol et des cultures.

Opérations qui se pratiquent dans la culture des primeurs.

Accot. — En culture maraîchère on nomme *accot* le fumier qu'on amoncèle autour des couches pour empêcher le froid d'y pénétrer. Ordinairement on donne aux accots une largeur de 40 à 50 centimètres, et on les élève de toute la hauteur de la couche. L'accot ne diffère du réchaud, dont nous parlerons plus loin, que par la nature du fumier qu'on y emploie; c'est-à-dire que pour les accots on prend du vieux fumier, et pour les réchauds du fumier neuf ou recuit.

Ados. — Les ados conviennent dans les circonstances où, les semis sur couche n'étant pas d'absolue nécessité, on ne peut cependant pas obtenir de succès sur un terrain horizontal. Ils consistent à donner au sol une pente de 1 mètre 33 centimètres tournée du côté du soleil.

Pour établir un ados on procède de la manière suivante. Après avoir fait choix d'un emplacement favorable, on donne un bon labour au sol, en ayant soin d'enlever par devant la terre nécessaire pour recharger le derrière d'environ 20 centimètres; après quoi on unit le terrain; puis on étend sur le tout environ 10 centimètres de terre mêlée de terreau.

Ces ados servent particulièrement à semer des Radis ; ensuite on y place trois rangs de cloches pour faire des semis de salade et repiquer les jeunes plants.

Border. — Cette opération consiste à élever un talus autour des couches à cloches, de manière à soutenir le terreau avec lequel on charge la couche. Pour cela on place le bordoir de champ sur le bord de la couche ; puis on foule le terreau contre le bordoir, de manière à former un bord solide. Arrivé à la hauteur voulue, on glisse le bordoir plus loin, et ainsi de suite jusqu'à ce que toute la couche soit bordée.

Couches. — Les couches sont utiles d'octobre en mars. La chaleur qu'elles sont susceptibles de produire dépend de l'épaisseur qu'on leur donne et des matériaux qu'on emploie pour les construire. Il est donc très-important de connaître à peu près le degré de chaleur nécessaire aux plantes qu'on veut cultiver ; car, bien que toutes les plantes exigent un certain degré de chaleur souterraine, il faut, pour les cultiver avec succès, les placer dans les conditions les plus favorables à leur développement, c'est-à-dire leur donner une température qui corresponde autant que possible à celle de l'époque où elles réussissent le mieux en pleine terre.

Pénétré de l'utilité de ces rapprochements, nous indiquerons au calendrier le maximum et le minimum de la température de chaque mois.

Chez les maraîchers on fait ordinairement trois sortes de couches, l'une connue sous le nom de couche *en plancher*, l'autre sous celui de couche *en tranchée*, et la troisième sous celui de couche *sourde*.

Couches en plancher. — Ces couches forment ordinairement un carré long, dont les dimensions en longueur et en largeur doivent être calculées d'après le nombre de châssis ou de cloches dont on peut disposer. Relativement à l'épaisseur, nous dirons premièrement que, sur un sol humide, les couches doivent être plus épaisses que sur un sol sablonneux ; secondement que, plus elles sont étroites, plus on doit leur donner d'épaisseur ; troisièmement que, pendant l'hiver, elles doivent être plus épaisses qu'au printemps, de manière à produire une chaleur capable de résister au froid.

Pour faire des couches dont la chaleur soit durable et aussi régulière que possible, on emploie du fumier de cheval à différents degrés de fermentation : 1° du fumier neuf, c'est-à-dire sortant de l'écurie, et qui est d'autant meilleur qu'il est plus imbibé d'urine ; mais, comme il donne une chaleur trop forte (65 à 70°), on l'emploie rarement seul ; 2° ce même fumier mis en tas depuis quelque temps : c'est celui qu'on appelle *fumier recuit* ; 3° la partie la moins consommée du fumier provenant de vieilles couches. Dans quelques circonstances, lorsqu'on a besoin d'une chaleur forte et prolongée (pour la culture des Asperges vertes, par exemple), on ajoute au fumier de cheval une certaine portion de fumier de vache.

Avant de commencer à monter une couche il faut, pour mélanger les fumiers bien également, les déposer le plus près possible de la place qu'elle doit occuper. On monte sa couche en allant toujours à reculons, et en ayant soin de bien mélanger avec la fourche les parties sèches avec celles qui sont le plus imprégnées d'urine et de répartir également le crottin. Les bords de la couche doivent être montés verticalement. Dès qu'on a formé un lit de fumier on le mouille plus ou moins, suivant le besoin, avec l'arrosoir à pomme, et de telle sorte que le tout soit assez humide pour produire une fermentation prolongée et éviter que le fumier ne se dessèche au centre, ce qui pourrait compromettre le résultat de l'opération. Pour donner à la couche une densité égale sur tous les points, on la foule avec les pieds et le dos de la fourche; puis on rapporte du fumier dans les endroits creux, pour que l'épaisseur en soit régulière. On en fait autant à chaque lit, et cela jusqu'à ce que la couche soit arrivée à la hauteur voulue; après quoi on divise le tout par parties de 1 mètre 33 centimètres de largeur, entre chacune desquelles on laisse un sentier de 33 centimètres.

Si les couches doivent être garnies de cloches, il faut auparavant les charger de terreau, que l'on étend bien également, et, après avoir bordé chaque couche, on y place trois rangs de cloches, que l'on dispose en échiquier.

Lorsque les couches sont destinées à recevoir des coffres, on pose ceux-ci immédiatement (par leur dimension ces coffres ont l'avantage de se placer où l'on veut et de suivre l'affaissement de la couche), et, après les avoir alignés, on charge les couches de terreau; puis on pose les panneaux, qu'il faut tenir cou-

verts de paillassons pendant quelques jours pour faciliter la fermentation du fumier. Ensuite, selon l'état de
la température, on achève de remplir les sentiers, ou
bien on les laisse en cet état pour ne les remplir que
plus tard ; mais, dans un cas comme dans l'autre, on
élève un accot de fumier autour du carré de chaque
couche. Enfin, avant de semer ou de planter sur une
couche nouvelle, il est prudent d'attendre que la
première chaleur se soit un peu modérée. Si, malgré
cette précaution, il arrivait qu'il se développât une
chaleur trop forte, il faudrait s'empresser d'écarter
les réchauds du coffre, et, si cela ne suffisait pas, on
verserait quelques arrosoirs d'eau autour de la couche pour la refroidir.

Dans quelques circonstances on peut remplacer les
couches de fumier par le chauffage au thermosiphon.
(voir page 134.) Cet appareil, d'introduction récente
en horticulture, n'est pas encore adopté par les maraîchers, qui même paraissent peu disposés à faire
l'application de ce mode de chauffage à leurs cultures forcées, malgré les brillants résultats obtenus
par ce moyen dans ce genre de culture, soit au potager de Versailles, soit chez M. Gontier le primeuriste.

Quoique beaucoup d'essais aient été faits, il en reste
encore beaucoup à faire. Dans le principe on établis-
sait, soit dans les serres, soit dans les bâches, un
plancher en bois sous leque on faisait circuler les
tuyaux de l'appareil ; mais les plantes cultivées sur ces
planchers exigeaient de trop fréquents arrosements :
c'est pourquoi aujourd'hui ce procédé n'est plus em-

ployé que pour les Ananas cultivés en serre. Assez ordinairement l'on dispose une couche très-mince, afin de garantir les plantes de l'humidité du sol, puis on fait circuler les tuyaux au-dessus de la couche. Nous pensons que, pour les cultures où il est nécessaire de chauffer le sol, on pourrait faire circuler les tuyaux du thermosiphon dans les sentiers des bâches (c'est-à-dire tout autour, mais extérieurement); dans ce cas on les recouvrirait avec des planches et de la paille, ou tout autre corps mauvais conducteur du calorique. Ce qui nous fait croire que ce moyen serait applicable à la culture des légumes forcés sous panneaux, c'est que, pour certaines cultures, on ne fait qu'une couche très-mince, qui doit donner peu de chaleur ou du moins n'en donner que pendant fort peu de temps. Dans quelques circonstances même on n'en fait pas du tout (pour forcer les Asperges blanches, par exemple); ce n'est donc que par les réchauds qu'on obtient la chaleur nécessaire. Ainsi nous dirons qu'en plusieurs circonstances il y aurait avantage à remplacer le fumier par le chauffage à l'eau. Nous ne prétendons pas dire qu'il y ait toujours économie réelle, mais nous croyons qu'il y a avantage sous le rapport des résultats; car il est facile d'apprécier tout le mérite d'un chauffage qu'on peut régler selon l'exigence du genre de culture et les variations de la température. Ces motifs sont tellement puissants que nous craindrions de rester en arrière des progrès de notre époque si nous ne signalions pas les avantages qui résultent de l'emploi du thermosiphon dans les cultures de haute primeur; ce que nous ferons au fur et à mesure, en traitant de la culture des genres où cet appareil a été employé avec succès.

Couches en tranchées. — Ces couches sont particulièrement consacrées à la culture des Melons de seconde saison, et on les prépare de la manière suivante. Après avoir fait choix d'un emplacement favorable, on creuse une première tranchée de 1 mètre de largeur et de 33 centimètres de profondeur; on dépose les terres sortant de la tranchée à l'extrémité du carré de couche, c'est-à-dire au delà de l'endroit où l'on doit faire la dernière tranchée; puis on prépare une bonne couche d'environ 66 centimètres d'épaisseur, composée de moitié fumier neuf, moitié fumier provenant d'anciennes couches. Ensuite on ouvre une seconde tranchée à 66 centimètres de la première, et avec la terre qui en provient on charge la première couche; on fait une couche dans la seconde tranchée, on la charge avec la terre de la troisième, et ainsi de suite jusqu'au bout du carré, où l'on trouve la terre nécessaire pour charger la dernière couche.

Après quoi on place les coffres, et, après avoir étendu la terre dans l'intérieur, on pose les panneaux; on laboure les sentiers, puis on entoure les coffres d'un bon réchaud de fumier, et l'on en remplit également les sentiers.

Couches sourdes. — Ce n'est guère qu'en avril qu'on commence à faire usage de ces sortes de couches. Pour les établir on ouvre une tranchée de 66 centimètres de largeur et d'environ 33 centimètres de profondeur.

On emploie pour les monter les mêmes matériaux que pour les précédentes ; on leur donne de 60 à 80 centimètres d'épaisseur ; elles doivent être légèrement bombées du milieu.

On les charge de terreau ou de bonne terre, suivant le genre de culture qu'on y doit pratiquer ; puis on les couvre d'un lit de fumier long, pour y concentrer la chaleur.

Réchauds. — Pendant toute la durée des froids, c'est-à-dire depuis la fin de novembre jusqu'à la mi-avril, il est nécessaire d'entretenir ou de ranimer la chaleur des couches, et cela sans les refaire. On arrive à ce résultat au moyen de réchauds, ce qui consiste, comme nous l'avons dit précédemment, à remplir les sentiers des couches de fumier neuf ou récuit, qu'on remanie tous les quinze jours ou toutes les semaines, et auquel, suivant le besoin, on ajoute chaque fois une partie de fumier nouveau. Ici il faut avoir égard à l'état de l'atmosphère, c'est-à-dire que, s'il fait sec, il faut employer du fumier humide, et, si le temps est humide, du fumier sec ; puis il faut avoir soin de couvrir ces réchauds de paillassons pendant les mauvais temps, afin de concentrer la chaleur.

CHAPITRE IX.

Culture.

Nous allons maintenant indiquer le mode de culture des plantes potagères cultivées dans les marais de Paris et des environs. Nous donnerons les procédés les plus en usage, soit pour la culture de pleine terre, soit pour celle des primeurs, qui, on peut le dire, est aujourd'hui une des plus belles branches de l'horticulture parisienne. Enfin nous tâcherons de ne point rester en arrière des connaissances de notre époque.

Fils d'un horticulteur, élevé au milieu des jardins, nourri des leçons des premiers horticulteurs de Paris, nous avouerons cependant avoir souvent eu recours aux conseils de nos confrères en jardinage pour tout ce qui ne nous était pas personnellement connu. Il était d'autant plus nécessaire de nous adresser à un grand nombre de maraîchers pour obtenir tous les renseignements dont nous avions besoin que généralement, soit par habitude, soit après avoir étudié

les ressources que peut lui offrir son sol, chaque maraîcher adopte un ordre de culture dont il s'écarte
rarement, ce qui fait que le plus grand nombre ne
connaît que superficiellement celles des cultures qu'il
ne pratique pas. Au reste, il en est de même dans
toutes les parties de l'horticulture ; car, bien que la
connaissance des principes généraux mette à même
de traiter diverses parties, il faut, pour faire une heureuse application de ces principes, avoir des connaissances spéciales qui ne s'acquièrent que par la pratique.

Comme, dans la culture maraîchère, il est rare
qu'une même opération puisse se répéter deux années
de suite à la même époque et de la même manière,
à cause des variations de la température, nous avons
divisé chaque mois en deux quinzaines, et nous dirons que les diverses opérations dont nous rendons
compte pourront être modifiées selon les années,
c'est-à-dire avoir lieu dans le courant de la quinzaine
indiquée, mais tantôt au commencement, tantôt à la
fin.

Comme nous mentionnerons la quantité de graine
nécessaire pour semer chaque planche, il est indispensable que nous adoptions une mesure uniforme,
à laquelle se rapporteront tous les renseignements
que nous aurons occasion de donner ; ainsi la quantité de graine, le nombre de rangs à tracer, toutes
nos indications enfin, auront pour objet des planches
de 2 mètres 33 cent. de largeur sur 24 mètres de
longueur. Cependant nous n'affirmerons pas que la
quantité de graines indiquée doive suffire en toute

circonstance, car cette quantité peut varier selon la nature du terrain et la confiance que l'on a dans la qualité des graines que l'on sème.

AIL COMMUN (Allium sativum).

Plante bulbeuse, originaire de la Sicile, cultivée depuis la plus haute antiquité. L'Ail n'est pas cultivé dans les marais de Paris, mais à Aubervilliers on en récolte une grande quantité. On le multiplie de caïeux qu'on plante, en février et mars, à 15 cent. environ les uns des autres en tous sens.

Pendant l'été on donne quelques binages, et en juillet on récolte les plantes les plus avancés ; puis, lorsque les fanes sont sèches, on achève d'arracher ceux qui restent. Mais avant de les mettre en bottes on les laisse quelque temps sur le terrain, où ils achèvent de mûrir ; puis on les suspend dans un endroit sec pour les conserver jusqu'au printemps de l'année suivante.

ANANAS (Ananassa sativa).

On ne connaît pas la patrie du type de ce genre, qui est aujourd'hui répandu dans les parties intertropicales des deux continents ; mais on croit généralement que l'Ananas est originaire d'Amérique.

On le multiplie par œilletons et par graines ; mais ce dernier moyen, extrêmement lent, n'est guère employé que pour obtenir de nouvelles variétés. C'est ainsi que MM. Lémon, Gabriel Pelvilain et Gontier ont enrichi le commerce d'un grand nombre de bonnes variétés.

Ce fut vers la fin du dix-septième siècle que l'Ananas fut introduit en Europe par un horticulteur de Leyde, en Hollande, nommé Lecourt, Français d'origine, qui fit venir des Antilles les premiers plants d'Ananas emballés dans de la mousse. Pendant fort longtemps il ne fut cultivé que chez les amateurs opulents ou dans les jardins royaux; car alors sa culture, mal comprise, exigeait des dépenses énormes; mais, vers 1816 ou 1818, M. Edy, alors jardinier en chef du potager du roi, commença à la modifier. Ce fut aussi à cette époque que M. Lémon se mit à cultiver des Ananas avec la supériorité qui lui était ordinaire. Néanmoins cette culture devait subir bien des modifications avant d'atteindre le degré de perfection auquel elle est arrivée. Après bien des essais, MM. Grison et Gontier, qui succédèrent à M. Edy, adoptèrent, il y a environ dix ans, le mode de culture suivi depuis lors par tous les bons horticulteurs, et que nous allons essayer d'indiquer tel que nous avons été à même de l'observer. Mais, avant d'entrer dans aucun développement, nous dirons que, pour obtenir de bons résultats dans cette culture, il faut bien se pénétrer de l'idée que ce n'est qu'à l'aide de la chaleur et de l'humidité qu'on obtient une végétation rapide et vigoureuse et qu'il faut que les plantes aient atteint leur complet développement avant de leur faire porter fruit.

Pour élever les Ananas et les préparer à la fructification, il faut avoir des châssis et des coffres, et, pour les faire fructifier, une serre bien exposée, à une ou deux pentes, mais peu élevées, de manière que les plantes ne se trouvent pas trop éloignées du verre.

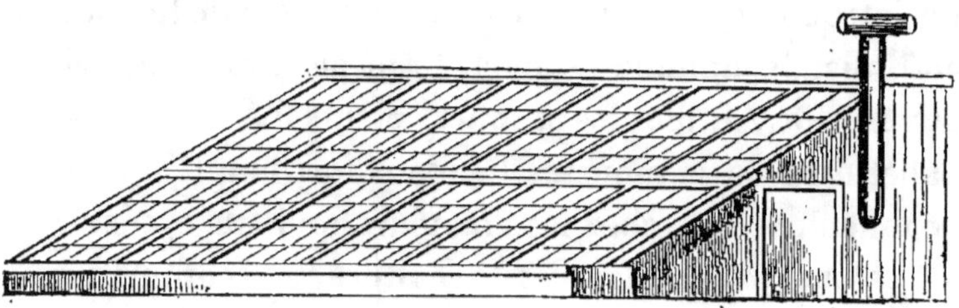

Figure 6. — Serre à Ananas.

La première quinzaine d'octobre est l'époque la plus favorable pour la plantation des couronnes et des œilletons, et cela parce que les jeunes plantes ne demanderont pas plus de soin pour passer l'hiver en terre qu'il n'en faudrait pour conserver les vieux pieds, et au printemps on aura des plantes déjà fortes et tout enracinées. Vers la fin de septembre on prépare une bonne couche d'environ 60 centimètres d'épaisseur, composée de moitié fumier neuf, moitié feuilles mêlées, ou, à défaut, d'une partie de fumier provenant d'anciennes couches. La hauteur de la couche aura dû être calculée de telle sorte qu'après avoir été rechargée de 20 ou 30 centimètres de tannée, ou, à défaut, de mousse, les plantes se trouvent être aussi près du verre que possible. Les œilletons destinés à la plantation doivent être pris de préférence dans l'aisselle des feuilles, où ils sont toujours plus forts. Après avoir enlevé les œilletons, on ne conserve les vieux pieds que si l'on est à court de plant, et seulement jusqu'à ce qu'ils aient produit le nombre d'œilletons dont on a besoin. Avant de planter les œilletons on dégarnit de feuilles la partie qui doit être en terre (environ 5 à 6 cent.); puis on rafraîchit proprement la plaie, et on les plante immédiatement dans des pots de 10 à 12 cent. de diamètre, suivant leur force. Ce que nous conseillons pour les œilletons est en toutes circonstance applicable aux couronnes. Nous dirons à ce sujet que l'on peut, si le besoin l'exige, conserver les couronnes pendant un mois au moins, en les plaçant à l'ombre dans un lieu sec.

Pour la plantation on emploiera de la terre de bruyère pure, ou, à défaut, une terre composée d'un cinquième de terre franche, moitié de terre de bruyère et un sixième de terreau, le tout préparé depuis six mois au moins, remué plusieurs fois et passé à la claie. Il faut que cette terre, au moment de l'empotage, ne soit pas humide, sans cependant être desséchée, bien qu'il vaille mieux toutefois l'employer sèche qu'humide. Aussitôt après la plantation on enfonce les pots dans la couche, en commençant par le rang du haut, et en choisissant toujours les plants les plus élevés, ce qu'il faut observer chaque fois qu'on les replace, en raison de la pente que l'on doit toujours donner aux châssis. Il faut avoir soin de les espacer suivant leur force. Pendant la nuit on couvre les châssis avec des paillassons; pendant le jour on atténue l'intensité des rayons solaires avec une toile ou du paillis, qu'on étend sur les châssis; enfin, pendant un mois, espace de temps nécessaire pour qu'ils prennent racine, on les soigne comme des boutures. Quand ils commencent à végéter, on leur donne un peu d'air en soulevant les châssis au moment du soleil ; puis on les arrose au pied, mais seulement au fur et à mesure du besoin. Vers le commencement de novembre, c'est-à-dire à l'époque des froids et des temps humides, on entoure le coffre d'un bon réchaud de fumier qui doit descendre à la même profondeur que la couche, et à partir de cette époque jusqu'au printemps il doit être remué au moins tous les mois, en y ajoutant chaque fois une partie de fumier neuf. Quand les froids sont rigoureux, il faut doubler les paillassons pendant la nuit, étendre sur le tout une bonne couche de litière, et avoir soin d'entretenir les réchauds à hauteur des châssis ; puis on découvre les panneaux tous les jours, à moins que le thermomètre ne descende au-dessous de 4 ou 5 degrés de froid.

Au printemps les arrosements doivent être plus fréquents et plus abondants, et l'on donne de plus en plus d'eau à mesure que le soleil prend de la force. Dans les premiers jours de mai on fait une couche qui doit être beaucoup plus longue que celle d'automne, en raison du développement qu'ont pris les plantes ; mais, la température étant plus douce, il n'est pas nécessaire qu'elle soit aussi chaude qu'à l'automne. Il en est de même des réchauds, que l'on ne fait pas aussi profonds, et que l'on ne remanie que de loin en loin. Cette fois on remplace la tannée par une couche de terre de 25 centimètres d'épaisseur, semblable à celle employée pour l'empotage des œilletons ; puis on dépote ses Ananas, on

visite les racines, et s'il s'en trouve quelques-unes qui
soient pourries, on les supprime; dans le cas contraire
on les ménage toutes; seulement on retranche à chaque pied quelques feuilles du bas; après quoi on les
plante sur la couche, en ayant soin de les enfoncer
de manière que l'ancienne motte se trouve recouverte de quelques centimètres de terre, afin de favoriser l'émission de nouvelles racines qui partent du
collet. Quelque temps après la plantation on commence à donner un peu d'air; puis on augmente
progressivement, suivant la température; car, arrivé
à ce point, il est préférable de ne pas habituer les
Ananas à être ombragés; par ce moyen on aura des
plantes beaucoup plus rustiques, mais on comprend
qu'il faut alors leur donner plus d'air. Pendant les
chaleurs on peut, sans inconvénient, les arroser avec
l'arrosoir à pomme, surtout si l'on a planté sur une
bonne couche, car l'humidité ne leur est réellement
préjudiciable qu'en hiver. Ainsi traités les Ananas
auront pris à l'automne un développement qu'on
trouverait à peine chez ceux cultivés constamment
en pots depuis deux ans.

Vers la fin de septembre ou dans le commencement d'octobre on relève ses Ananas de pleine terre;
on supprime alors tous les œilletons, puis quelques feuilles du bas; et, comme l'Ananas est au
nombre des plantes dont les racines périssent chaque année et sont remplacées par de nouvelles, on
supprime toutes les anciennes en les coupant au ras
de la plante; après quoi on lie les Ananas avec un lien
de paille, de manière à les rempoter plus facilement;

ce qui doit avoir lieu dans des pots de 24 cent. de diamètre seulement. Cette opération s'appelle planter à *cul nu*. Après l'empotage on les place sur une nouvelle couche, et, jusqu'à ce qu'ils aient de nouvelles racines, on leur donne les mêmes soins qu'aux œilletons du premier âge. Vers le mois de janvier on les place dans une serre où l'on a préparé une couche d'environ 65 centimètres d'épaisseur et de toute la largeur de l'encaissement, qui ne doit pas avoir moins de 2 mètres. Cette couche doit être chargée d'un bon lit de tannée ou de mousse, de manière à pouvoir facilement y enterrer les pots, que l'on place à environ 5o centimètres les uns des autres en tous sens; enfin, suivant la force des plants, on les laisse ainsi jusqu'à ce qu'ils marquent fruit, c'est-à-dire depuis avril jusqu'en juillet, et alors on les plante en pleine terre sur la même couche, après l'avoir remaniée et avoir remplacé la tannée par un lit de terre.

Pendant tout le temps que les Ananas restent dans la serre, on peut avec avantage remplacer la couche dont nous avons parlé par un chauffage au thermosiphon; dans ce cas on place la tannée, et par suite la terre, sur un plancher sous lequel circulent les tuyaux de l'appareil. On règle le chauffage de manière à entretenir à peu près 25 à 3o degrés dans la couche, chaleur bien suffisante pour le besoin de ces plantes.

Au printemps on commence à moins chauffer, pour cesser complétement en mai, car à partir de cette époque jusqu'en septembre la chaleur du soleil suffit. La serre dans laquelle on place les Ananas est ordinairement divisée en deux par une cloison vitrée, de manière à faire deux saisons. Les plus fortes plantes doivent être placées dans le premier compartiment, et l'on commence ordinairement à les chauffer vers la fin de janvier. A partir de cette époque la température de la serre doit être entretenue à une chaleur constante de 25 à 30 degrés ; pendant la nuit, jusque vers la fin d'avril, on couvre la serre avec des paillassons qu'il faut enlever tous les jours. Pour les arrosements qui ont lieu au pied des plantes, on emploie avec avantage de l'eau dans laquelle on aura fait décomposer des substances animales ou végétales. Pendant l'hiver il faut subordonner les arrosements à la chaleur de la couche, et avoir soin que l'eau soit à la température de la serre ; mais en été ils doivent être abondants, et même de temps à autre on donne des bassinages. Comme nous l'avons précédemment indiqué, il est nécessaire de donner beaucoup d'air, afin de ne point ombrer. Les fruits de la première saison mûrissent ordinairement de juillet en septembre.

On a soin de ne pas élever à plus de 12 degrés la température du côté de la serre où se trouvent placées les plantes destinées à faire la seconde saison ; mais, une fois en mars, époque où l'on commence habituellement à les chauffer, on observera tout ce qui a été indiqué pour la première.

Les fruits de la seconde saison mûrissent ordinairement de septembre en décembre.

On voit qu'en traitant les Ananas comme nous venons de l'indiquer on obtient des fruits bons à récolter vingt ou vingt-six mois après la plantation des œilletons, ce qui démontre d'une manière concluante la supériorité de ce mode de culture sur celui que l'on pratiquait autrefois.

Les Ananas de la Martinique, de Cayenne, de la Providence, de Mont-Serrat et d'Enville sont des espèces essentiellement commerciales.

Plusieurs de ces Ananas ont produit des variétés également très-estimées.

ARROCHE DES JARDINS, Belle-Dame, Bonne-Dame (Atriplex hortensis).

Plante annuelle, originaire de la Tartarie. On la sème vers la fin de mars ou dans les premiers jours d'avril, et successivement jusqu'en septembre. Après les semis l'Arroche ne demande aucun soin particulier de culture ; il faut seulement éclaircir le plant et donner quelques arrosements pendant la sécheresse.

On cultive deux espèces d'Arroche, l'une à feuilles blondes, l'autre à feuilles rouges.

Toutes deux ont la propriété d'adoucir l'acidité de l'oseille ; on peut aussi les manger seules, préparées comme des épinards.

Graines. — Il faut couper les plants d'Arroche destinés à fournir des graines aussitôt que les premières entrent en maturité ; puis on les fait sécher dans un endroit abrité. Les graines ne se conservent bonnes que pendant un an.

ARTICHAUT COMMUN (Cynara Scolymus).

Plante vivace, originaire de l'Europe méridionale. On cultive plusieurs variétés d'Artichaut, mais le gros vert de Laon est le seul qu'on emploie dans les environs de Paris. On le multiplie par œilletons, opération qui a lieu de la manière suivante. En avril on éclate les rejetons qui naissent au collet des vieux pieds, en ayant soin de les enlever avec le talon ou portion de collet de la racine ; puis on choisit les plus forts, et on raccourcit l'extrémité des feuilles. Après avoir bien préparé le terrain, à Aubervilliers, on trace des rayons à 8o cent. les uns des autres et l'on fait avec le hoyau des trous à 8o cent. de distance sur la ligne. Si le temps est sec avant la plantation, on verse de l'eau dans le fond des trous, après quoi on plante à la main en serrant légèrement la terre autour des œilletons.

Dans les temps humides et froids, où les Artichauts reprennent toujours difficilement, on peut, après avoir fait choix des œilletons dont on a besoin, les empoter dans de petits pots que l'on enterre sur une couche tiède, recouverte de châssis.

Dans la première quinzaine d'avril, lorsque les œilletons sont suffisamment pourvus de racines, on les plante en motte à la place qu'ils doivent occuper

Non-seulement les Artichauts ainsi traités ne peuvent manquer de reprendre promptement, mais ils fructifient beaucoup plus tôt que ceux plantés immédiatement à demeure.

Pour utiliser le terrain, on peut, la première année, planter un rang de Choux de Milan entre chaque ligne d'Artichauts, repiquer des Oignons blancs, ou bien semer des Radis.

Dans une plantation d'Artichauts faite en avril, le plus grand nombre des œilletons donne des fruits en automne de la même année.

Chaque année, à l'automne, on a soin de couper les vieilles tiges et l'extrémité des feuilles les plus longues; puis, vers la fin de novembre ou au commencement de décembre, enfin avant les gelées, on passe la charrue entre chaque rang, de manière à tracer un sillon un peu profond et à couvrir de terre chaque rang d'Artichauts; puis, indépendamment de ce buttage, pendant les gelées on couvre le terrain avec du long fumier. Dans le courant de mars, quand les gelées ne sont plus à craindre, on détruit les buttes des Artichauts et on leur donne un bon labour; puis en avril on les œilletonne, comme nous l'avons indiqué précédemment, de manière à ne laisser qu'un seul œilleton sur chaque pied.

Bien qu'une plantation d'Artichauts soit susceptible de produire pendant trois ou quatre ans, les cultivateurs des environs de Paris plantent des œilletons chaque année, afin d'avoir des fruits qui succèdent à ceux que fournissent les vieux pieds, qui ordinairement fructifient en mai et juin.

On peut facilement avancer la récolte des Artichauts en les forçant sur place comme les Asperges, ou bien en les relevant en motte dans le courant de novembre pour les planter dans un coffre que l'on entoure d'un réchaud de fumier ; mais on a généralement renoncé à ce travail depuis qu'il arrive à Paris des Artichauts nouveaux de l'Algérie et de la Bretagne en janvier et février.

Graines. — Comme les Artichauts reproduisent rarement leur espèce par la voie du semis, on ne récolte la graine que pour les expéditions lointaines ou pour faire quelques semis en vue d'obtenir des variétés nouvelles. Pour cela on a soin de laisser fleurir les plus beaux fruits, et, lorsqu'ils sont secs, on les coupe pour en extraire les graines. Récoltées à parfaite maturité, les graines d'Artichauts sont bonnes pendant cinq ans.

ASPERGES (Asparagus officinalis).

Plante vivace, originaire des environs d'Abbeville, selon Boucher.

On en cultive deux espèces : la commune, ou Asperge verte, et celle connue sous le nom de grosse Asperge violette ou de Hollande. Celles de Marchiennes, d'Ulm, de Besançon et de Vendôme ne sont que des variétés de cette dernière et doivent leur origine à des influences locales.

Les Asperges se multiplient de graines que l'on sème en mars, soit en place, soit en pépinière, en pleine terre ou sur couche, pour être plantées ensuite.

Dans les marais de Paris les Asperges ne sont, à proprement parler, cultivées que pour forcer.

Cette culture remonte à 1738 et a de nos jours

acquis beaucoup d'importance. On force les Asperges de deux manières : la première consiste à les forcer sur place, et alors on les appelle Asperges blanches ; la seconde, à placer sur couche les griffes toutes venues, et les Asperges qui en proviennent s'appellent Asperges vertes.

Asperges blanches. — Avant de donner aucun détail sur la manière de forcer ces Asperges, nous croyons nécessaire d'indiquer comment on procède à la plantation. Dans le courant de mars on fait choix d'un emplacement favorable, puis on le divise par planches de 1 mètre 33 centimètres de large ; entre chacune d'elles on laisse un sentier d'environ 80 centimètres. Ces planches doivent être disposées de manière à présenter le flanc au sud, afin qu'à l'époque où l'on forcera les Asperges elles jouissent de tous les avantages d'une bonne exposition. Après avoir tracé ces planches, on enlève dans chacune d'elles 40 centimètres de terre que l'on remplace par une couche de 20 centimètres de bon fumier de cheval. Dans les terres humides on ajoute au fumier de cheval une partie de gadoue (boue de Paris), et dans les terres sèches on remplace la gadoue par du fumier de vaches.

Ces fumiers doivent être bien mélangés et fortement foulés ; après quoi on rapporte 15 à 18 centimètres de terre de bonne qualité. Quand cette terre est étendue bien également, on trace par planche quatre rangs qui doivent être distancés également entre eux, et de manière que les deux rangs extérieurs soient à 15 centimètres des bords de la planche.

L'expérience ayant démontré que le jeune plant d'Asperges est préférable sous tous les rapports au plant de deux ans, l'on prend maintenant des plants d'un an que l'on plante à 40 centimètres les uns des autres.

La plantation terminée, on achève de remplir les planches avec de la terre que l'on foule bien également. Une fois le terrain aplani, on y étend un bon paillis de fumier consommé; puis on plante des Salades entre les lignes d'Asperges, ou bien l'on sème des Carottes hâtives, des Epinards, ou toute autre plante dont les racines pénètrent peu profondément dans le sol. De plus, on plante un rang de Choux pommés ou de Choux-fleurs sur le bord de chaque planche.

Loin de nuire aux Asperges, les binages et les arrosements que ces plantes exigent leur sont tellement favorables qu'elles font souvent en un an autant de progrès qu'elles en feraient en deux ans par les procédés ordinaires.

Après la floraison des Asperges on supprime les graines, qui fatiguent toujours un peu la plante; puis, en octobre ou novembre, on coupe toutes les tiges à ras de terre; on donne un léger binage, et, comme les planches auront subi nécessairement un tassement, on les recharge de bonne terre, sur laquelle on étend, comme après la plantation, un bon paillis, opération qu'il est bon de renouveler chaque année. Dès la deuxième pousse on pourrait commencer la récolte des Asperges; mais il vaut mieux cependant attendre la troisième : les produits en seront plus beaux.

On commence ordinairement à forcer les Asperges dans les premiers jours de novembre, puis on continue successivement jusqu'en février ; ce qui a lieu de la manière suivante. Après avoir placé les coffres sur les planches que l'on veut forcer, on étend un lit de terreau sur les Asperges ; puis on enlève des sentiers, jusqu'à 5o centimètres environ de profondeur, la terre qu'on dépose sur les planches, de manière à les recharger de 33 centimètres, et cela afin d'avoir des Asperges beaucoup plus longues. Puis on remplace la terre des sentiers par un réchaud de fumier neuf, qui doit être élevé jusqu'à la hauteur des panneaux avec lesquels on couvre les coffres ; mais, avant de placer les panneaux, on étend un lit de fumier sur les planches, afin d'activer la végétation, en ayant soin toutefois d'enlever ce fumier aussitôt que les Asperges commencent à sortir de terre. Quel que soit l'état de la température, on ne donne point d'air à ces Asperges. Pendant la nuit et par le mauvais temps on couvre les panneaux avec de bons paillassons, afin de concentrer la chaleur. On remanie les réchauds tous les dix ou quinze jours environ, en ajoutant chaque fois plus ou moins de fumier neuf, suivant l'état de la température, enfin de manière à obtenir sous les panneaux une chaleur qui ne doit pas être moindre de 15 degrés, et qu'il est inutile d'élever à plus de 25. Ces Asperges sont ordinairement bonnes à couper vingt ou vingt-cinq jours (suivant l'état de la température) après qu'on aura commencé à les forcer. On coupe tous les deux ou trois jours jusqu'à ce qu'elles soient épuisées.

Afin de ne pas faire subir aux Asperges un passage trop subit du chaud au froid après la récolte, on laisse les panneaux pendant quelque temps; enfin, après avoir enlevé le fumier des sentiers, on enlève les panneaux et les coffres; puis on remplit les sentiers avec la terre qui avait été déposée sur les planches. Ordinairement on ne force chaque année que la moitié des planches d'Asperges que l'on possède, afin que les mêmes plantes ne soient pas forcées deux années de suite.

Asperges vertes. — La culture des griffes d'Asperges est un objet de spéculation pour les cultivateurs de la commune de Saint-Ouen. Depuis fort longtemps ils sèment et plantent des Asperges chaque année, afin de livrer annuellement du plant aux maraîchers, bien qu'un très-petit nombre seulement d'entre eux se livrent à ce genre de culture (nous citerons entre autres MM. Flantin père et fils, Chevalier et Ferdinand Vassou). Le nombre des griffes d'Asperges employées chaque année n'en est pas moins très-considérable, car dans ces derniers temps ils ont, en une seule année, acheté entre eux le produit de 25 hectares. Un arpent fournit de 15 à 1,800 griffes qui se vendent de 700 à 750 francs; par conséquent un hectare produit 5,400 griffes d'Asperges et rapporte de 2,000 à 2,200 francs, suivant les années.

On commence ordinairement à arracher ces griffes dans la première quinzaine d'octobre, puis on continue suivant le besoin; mais à l'approche des gelées il faut avoir soin d'en faire provision, afin de n'en point manquer. A l'époque où l'on veut commencer ce travail on prépare une bonne couche de 60 à 80 centimètres d'épaisseur, dont la chaleur soit de 20 à 25 degrés; pour cela il faut prendre une partie de fumier neuf, une partie de fumier recuit et une partie de fumier de vache, le tout également mélangé et mouillé suivant le besoin. Une fois la couche élevée à la hauteur indiquée, on pose les coffres, puis on remplit les sentiers, mais à moitié seulement, et l'on charge la couche de quelques centimètres de terreau, afin d'y placer les griffes plus facilement que sur le fumier. Lorsque la couche a jeté son premier feu, on prend les griffes d'Asperges, et, sans rien retrancher de la longueur des racines, on les place sur la couche les unes à côté des autres, en commençant par le haut du coffre et en continuant ainsi jusqu'à ce qu'il soit complétement rempli; après quoi on laisse les Asperges en cet état pendant quelques jours. Quand on pense qu'elles vont entrer en végétation on coule du terreau entre les griffes, de manière à les recouvrir légèrement; puis on achève de remplir les sentiers, que l'on élève alors jusqu'à la hauteur des panneaux, en ayant soin toutefois de surveiller la fermentation de la couche; car, s'il arrivait qu'elle développât une chaleur trop considérable, il faudrait diminuer la hauteur des réchauds. Dans le cas contraire, il faut, afin d'entretenir ou de ranimer la chaleur de la couche, remanier les réchauds toutes les fois qu'il sera nécessaire. Pendant la nuit on couvre les panneaux avec de bons paillassons, afin de concentrer la cha-

leur. Dès que les Asperges commencent à pousser,
il faut leur donner de l'air pendant le jour, à moins
que la température ne soit trop défavorable. Au bout
de douze ou quinze jours les Asperges commencent
à produire ; on les coupe pendant tout le temps
qu'elles donnent, c'est-à-dire trois mois environ.
Lorsqu'elles cessent de produire, il n'est plus possible d'en rien tirer ; mais, après avoir remanié la couche ainsi que les réchauds, on peut planter d'autres
Asperges si l'on est encore en saison de le faire.

Culture des environs de Paris.

Dans les environs de Paris on divise le terrain par
planches de 1 mètre de largeur ; puis on enlève en
automne une couche de terre de l'épaisseur d'un bon
fer de bêche sur toute la superficie de la première
planche, de manière à former une fosse d'environ
20 centimètres de profondeur. On dépose la terre
de la fouille sur la seconde planche ; alors on creuse
la troisième, puis la cinquième, et ainsi de suite, en
laissant toujours entre chaque fosse une planche pour
déposer la terre, dont une partie sert plus tard à recharger les Asperges.

En février ou mars, après avoir largement fumé
le fond des fosses, on trace dans chacune trois rangs,
les deux premiers à 20 centimètres du bord et le
troisième au milieu des deux autres ; après quoi on
plante les Asperges à 40 centimètres les unes des autres sur les lignes , et on achève de remplir la fosse
avec de la bonne terre.

Pendant l'été on donne quelques binages aux Asperges afin de détruire les mauvaises herbes, et chaque année, en octobre ou novembre, quand les tiges commencent à sécher, on les coupe toutes au niveau de terre.

Après la suppression des tiges on enlève avec la houe sur toute la superficie des fosses quelques centimètres de terre que l'on remplace par une bonne fumure de gadoue. Enfin, chaque année, dans la première quinzaine de mars, on donne un binage aux Asperges, puis on les recharge de quelques centimètres de bonne terre.

A la troisième pousse on commence à couper les plus grosses Asperges, et, les années suivantes, après avoir observé tout ce qui est indiqué, on les coupe toutes dès qu'elles commencent à paraître, et l'on continue cette récolte jusqu'en juin, époque à laquelle on cesse de couper pour ne pas épuiser le plant.

Afin d'utiliser l'espace laissé entre chaque fosse d'Asperges, au printemps, après un bon labour, on plante ordinairement deux rangs de Pommes de terre hâtives, et, après la récolte, on sème des Betteraves ou des Haricots.

On peut aussi planter les Asperges sur un seul rang, comme le font les cultivateurs d'Argenteuil. Pour planter ces Asperges, ils tracent des rayons de 10 centimètres de profondeur à 1 mètre de distance les uns des autres ; puis ils relèvent la terre de chaque côté, de manière à former des billons entre lesquels ils plantent une griffe d'Asperge par mètre courant.

Ces Asperges reçoivent tous les deux ans, à l'automne, une bonne fumure de gadoue ; puis elles sont buttées chaque année au printemps.

Quel que soit le mode de culture qu'on ait adopté, une plantation d'Asperges bien établie et bien entretenue peut durer dix ans.

Graines. — On marque avec soin les plus belles Asperges aussitôt qu'elles sont sorties de terre ; puis on les attache à un tuteur que l'on place au pied.

Vers la fin d'octobre on coupe les tiges au niveau du sol, et on détache les baies, qu'on laisse en tas pendant une quinzaine de jours pour qu'elles achèvent de mûrir ; après quoi on les écrase avec la main, puis on les jette dans un baquet rempli d'eau. Les graines se précipitent au fond ; on les ramasse pour les faire sécher à l'ombre et à l'air. Elles sont bonnes pendant trois ou quatre ans.

AUBERGINE ou **MELONGÈNE** (Solanum Melongena).

Plante annuelle, originaire des parties chaudes de l'Asie, de l'Afrique et de l'Amérique.

Les fruits de l'Aubergine cultivée dans les marais de Paris sont ronds ou allongés suivant la variété, et d'une couleur pourpre-violet plus ou moins intense. Sous le climat de Paris il faut semer l'Aubergine dans la seconde quinzaine de janvier ou dans la première quinzaine de février. Pour cela on prépare une couche dont la chaleur s'élève de 20 à 25 degrés ; on l'entoure d'un bon réchaud de fumier, puis on la charge d'environ 12 centimètres de terreau, et, lorsque la chaleur est favorable, on sème ses Aubergines.

Quinze jours ou trois semaines après le semis, on prépare une seconde couche un peu moins chaude que la première, on la charge de terreau, et, quand le jeune plant est bon à repiquer, c'est-à-dire lorsque les cotylédons sont bien développés, on le repique en pépinière pour le relever au bout de quelque temps et le replanter sur la même couche, mais en laissant cette fois une plus grande distance entre chaque plant.

Depuis les premiers jours de l'opération, on couvre les panneaux pendant la nuit avec des paillassons, et, dès que les jeunes plants commencent à végéter et que l'état de la température le permet, on donne un peu d'air.

Dans le courant de mars on prépare une dernière couche, dont la longueur doit être proportionnée à la quantité des plants qu'on veut cultiver. On place les coffres, on charge la couche de terreau, et, lorsque la chaleur de la couche est convenable (15 à 20 degrés), on plante quatre Aubergines sous chaque panneau de $1^m,33$; on les prive d'air pendant quelques jours afin de faciliter la reprise des plantes ; après quoi on commence à donner un peu d'air, soit par le haut, soit par le bas des panneaux ; puis on augmente progressivement à mesure qu'on avance en saison, de manière à enlever les panneaux dans le courant de mai. Les autres soins consistent à arroser au besoin, à nettoyer les feuilles, qui souvent sont attaquées par le kermès. Il faut aussi avoir l'attention d'enlever toutes les poussés qui partent du collet de la plante, afin de ne laisser subsister qu'une seule tige

que l'on pince lorsqu'elle a acquis une certaine force,
de manière à obtenir deux branches principales qu'on
pince à leur tour aussi plus tard, pour favoriser le développement d'un certain nombre de bourgeons sur
les branches mères; lors de la fructification on supprime tous les nouveaux bourgeons, afin de protéger le développement des fruits. On peut par ce
moyen avoir, vers la fin de juin ou au commencement de juillet, des fruits bons à récolter qui se succèdent jusqu'en octobre.

A partir de l'époque ci-dessus on peut planter
des Aubergines jusqu'en juin, mais toujours sur
couche; ce n'est véritablement que dans le midi
de la France que l'on peut cultiver avec succès cette
plante en pleine terre.

Graines. — Comme, sous le climat de Paris, les
graines d'Aubergines ne mûrissent pas chaque année,
on les fait venir de la Provence; elles sont bonnes
pendant cinq ou six ans.

BETTERAVE (Beta vulgaris).

Plante bisannuelle, originaire de l'Europe méridionale. La Betterave n'est pas cultivée dans les marais, mais aux environs de Paris. On en sème une
grande quantité que l'on mange en salade. Les variétés cultivées pour cet usage sont la grosse rouge ordinaire, la jaune ordinaire, la rouge et la jaune de
Castelnaudary.

On sème les Betteraves vers la fin d'avril ou au commencement de mai, en lignes ou à la volée, à raison de 5 kilogrammes par hectare, en terre profondément labourée et fumée de l'année précédente ; puis, lorsque le plant a cinq ou six feuilles, on éclaircit, de manière qu'elles se trouvent à environ 35 centimètres les unes des autres. Dans le courant de l'été on leur donne plusieurs binages, et vers la fin d'octobre ou au commencement de novembre on fait la récolte des racines, après avoir coupé les feuilles ; on les met dans la serre à légumes ou dans une cave bien saine, où l'on peut en conserver jusqu'en mai.

Graines. — Au moment de la récolte on fait choix des plus belles racines. On les met en jauge, puis on les couvre pendant les gelées. En mars on les plante à environ 6o centimètres les unes des autres. On coupe les tiges en septembre ; on les dépose dans un lieu abrité, et, quand elles sont entièrement sèches, on recueille les graines, qui se conservent bonnes pendant cinq ans.

BOURRACHE (Borrago officinalis).

Plante annuelle indigène.

Quelques maraîchers cultivent la Bourrache afin de la vendre pendant l'hiver et au printemps.

On la sème alors dans les premiers jours de septembre, et vers le 15 octobre on repique le plant. Pour cela on trace huit rangs sur un ados de 1 mètre 33 centimètres de large ; après quoi on le repique à environ

10 centimètres sur la ligne. A l'approche des gelées on couvre le plant avec des panneaux, ou, à défaut, avec des paillassons. Ainsi traitée, l'on peut avoir de la Bourrache nouvelle en janvier ou février.

On peut aussi en semer en janvier; mais alors on sème en pleine terre, à bonne exposition, et, lorsque le plant est assez fort, on le repique sur une vieille couche après une autre culture; ou bien on prépare une couche de 35 à 40 centimètres d'épaisseur, dont la chaleur s'élève à environ 10 degrés, et on repique le plant comme nous l'avons précédemment indiqué. Au printemps on sème en pleine terre immédiatement et en place. De cette manière l'on peut avoir de la Bourrache toute l'année.

Graines. — Il faut couper les plants de Bourrache destinés à former des graines un peu avant la maturité, afin de ne pas perdre celles-ci, qui, dès qu'elles sont mûres, s'échappent de leur enveloppe; elles se conservent pendant trois ans.

CARDON DE TOURS (Cynara Cardunculus).

Variété de l'Artichaut sauvage, *C. sylvestris*. Plante bisannuelle originaire de Candie. **On mange** cuites les côtes de ses feuilles et ses racines.

Il se multiplie de graines semées en avril sur couche, ou mieux en mai immédiatement en place. On trace deux rangs par planche et l'on fait à 1 mètre de distance sur la ligne des trous qu'on remplit de terreau ; puis on sème deux ou trois graines dans chacun d'eux, et, lorsqu'elles sont bien levées, on choisit le pied le plus vigoureux et on supprime les autres. Dans le cas où l'on aurait à craindre les ravages des vers blancs ou des courtillières, il faudrait, à la même époque, en semer en pot, afin de pouvoir regarnir les places vides.

Comme pendant les premiers mois de leur végétation les Cardons font peu de progrès, on peut, pour utiliser le terrain, contre-planter dans les planches de Cardons quelques rangs de Romaines ou de Chicorées qui seront récoltées à l'époque où les Cardons occuperont tout l'espace.

Dans les terres légères les Cardons exigent de fréquents arrosements ; dans les marais de Paris, l'on ne peut avoir de beaux Cardons qu'à la condition de leur donner beaucoup d'eau.

Vers le mois de septembre, lorsqu'ils sont assez forts pour être *blanchis*, on les empaille. A cet effet on réunit les feuilles au moyen de liens de paille, sans trop les comprimer ; on enveloppe ensuite toute la plante, de manière à ne laisser voir que l'extrémité des plus longues feuilles, avec de la grande litière, qu'on maintient au moyen de trois liens de paille ; puis on butte la terre autour du pied, afin qu'elle ne soit pas déplacée par le vent. Au bout de quinze jours ou trois semaines les côtes sont blanches et doivent être consommées sur-le-champ, sans quoi elles pourriraient ; il ne faut donc empailler que successivement. Avant les fortes gelées on arrache les Cardons en mottes pour les replanter l'un près de l'autre dans la serre à légumes, où ils blanchissent sans couverture ;

mais il faut les visiter souvent et enlever toutes les feuilles pourries. On peut, par ce moyen, les conserver jusqu'en mars.

A Tours, les jardiniers maraîchers sèment alternativement une planche de Cardons et une planche de Salade ou autre légume ne devant pas occuper le terrain au delà du mois de septembre; puis, au moment de faire blanchir les Cardons, ils les buttent, comme le Céleri, avec de la terre qu'ils prennent dans les planches intermédiaires.

Graines. — Pour récolter les graines on laisse en place quelques pieds de beaux Cardons que l'on couvre pendant l hiver, afin de les garantir de la gelée; ils peuvent porter graines pendant six ou huit ans. Les graines mûrissent dans la première quinzaine de septembre et sont bonnes pendant cinq ans.

CAROTTE (Daucus Carota).

Plante bisannuelle indigène.

La Carotte commune a fourni plusieurs variétés; mais la rouge hâtive ou de Hollande, introduite dans nos cultures vers 1800, et sa sous-variété, connue sous le nom de Carotte demi-longue, sont les seules cultivées dans les marais de Paris.

La première est particulièrement employée pour les semis sur couche; la seconde, pour les semis de pleine terre.

Semis sur couche. — Dans les premiers jours de décembre on prépare une couche de 35 à 40 centimètres d'épaisseur, dont la chaleur soit de 15 à 20 degrés; on place les coffres; puis on les charge d'environ 15 centimètres de terreau mêlé de terre (de cette manière on obtient des Carottes plus rouges que dans le terreau pur). Si la température n'est pas trop rigoureuse, on a soin de ne remplir les sentiers qu'à moitié, afin d'éviter un trop grand développement de chaleur, ce qui causerait infailliblement la perte du semis. Lorsque la chaleur de la couche est favorable, on sème sa graine; puis, aussitôt après, on repique habituellement sept rangs de Laitue petite noire par coffre. Mais, bien que de cette manière l'on fasse deux récoltes sur la même couche, nous pensons qu'il n'y a pas avantage à procéder ainsi, car il n'est pas certain que le produit des Laitues compense le tort qu'elles font aux Carottes. Ces Laitues pomment en janvier. Après leur récolte on étend un peu de terreau sur la place qu'elles occupaient, et cela afin de rechausser les Carottes, et, si le temps est sec, on donne un léger bassinage. Dans le courant de janvier, quand le semis se développe bien, on remanie les réchauds, que l'on élève alors de toute la hauteur des coffres, afin d'entretenir et de ranimer la chaleur de la couche.

Dans les premiers jours de janvier on fait ordinairement une seconde saison de Carottes; mais alors la couche doit être un peu moins forte, et cette fois on remplace la Laitue par deux rangs de Choux-fleurs ou par un semis de Radis.

Lorsque les soins ont été donnés à propos, on commence à récolter les premières Carottes dans la première quinzaine d'avril. Si dans la seconde quinzaine de mars le temps est doux et qu'on ait besoin des panneaux qui couvrent les Carottes pour les mettre sur les premiers Melons, on peut les enlever, ainsi que les coffres; mais alors on récolte quelques jours plus tard.

En février et mars on sème encore des Carottes sur couche, mais à l'air libre. A cette époque des paillassons suffisent pour garantir le semis de la gelée. Ces Carottes succèdent à celles qui avaient été semées en décembre et janvier et elles font attendre les produits de la pleine terre.

Semis en pleine terre. — Les premiers semis en pleine terre peuvent avoir lieu en septembre. Dans les marais de l'est on en sème beaucoup à cette époque. Dès les premières gelées on a soin de couvrir le semis avec de la litière, qu'on enlève toutes les fois que la température le permet; lorsque le résultat de ce semis est heureux, les Carottes sont bonnes à récolter vers le mois de mai. Ensuite on sème en février ou mars; puis, à partir de cette époque, les semis peuvent être continués successivement jusqu'en juillet. Mais, quelle que soit l'époque du semis, le terrain doit être bien préparé; après quoi on sème à la volée. Il faut environ 3o grammes de graine par planche. Aussitôt après le semis on herse légèrement à la fourche, on foule le terrain avec les pieds, puis on étend une couche de terreau sur la planche. On passe légèrement le râteau sur le tout, et l'on arrose toutes les fois qu'il en est besoin. Lorsque les Carottes sont levées, on éclaircit le plant, qui est presque toujours trop dru si le semis a réussi. Trois mois environ après le semis on commence à récolter les premières Carottes ; le produit des derniers semis doit pouvoir être arraché en novembre. Au moment de la récolte on coupe le collet de chaque Carotte, on les met en jauge, puis on les couvre de fumier long pendant les gelées, ou bien on les dépose dans la serre à légumes, afin d'en avoir à vendre pendant l'hiver. Dans les terres légères et saines on peut se dispenser de les arracher ; il suffit de couvrir les planches de Carottes pendant les gelées, afin de pouvoir toujours en disposer.

Enfin nous dirons que les maraîchers de Meaux conservent leurs Carottes hâtives de la manière suivante : à l'automne ils creusent des fossés d'environ 1 mètre de largeur sur 80 centimètres de profondeur, ils y déposent leurs Carottes, et pendant les gelées ils les couvrent avec de la paille. De cette manière ils les conservent jusqu'à la fin de février ou au commencement de mars, époque à laquelle ils commencent à les vendre.

Indépendamment de la Carotte rouge demi-longue, on cultive à Aubervilliers les Carottes rouge longue et jaune longue. On les sème en mai, à raison de 4 kilogrammes par hectare. Après le semis, tous les soins consistent à éclaircir et à faire quelques sarclages. A l'automne on commence par récolter les Carottes jaunes longues, qui sont plus tendres que les rouges, de manière à ne pas les laisser atteindre par la gelée ; puis, à l'approche des froids, on arrache toutes les Carottes, on les dépose

dans les caves ou dans les celliers, après leur avoir
retranché la tête, et pendant l'hiver on a soin d'enlever tout ce qui pourrait engendrer de l'humidité.

Graines. — Pour se procurer de la graine on choisit les Carottes les plus franches, on les met en jauge
en novembre, on les couvre de fumier pendant les
gelées, puis on les replante au printemps, à environ
5o centimètres les unes des autres.

En août on commence à récolter les têtes les plus
avancées, ce que l'on continue de faire au fur et à
mesure de la maturité. Les graines de Carottes se
conservent bonnes pendant quatre à cinq ans, selon
l'état de la récolte.

CÉLERI CULTIVÉ (Apium graveolens).

Plante bisannuelle, dont le type est indigène des
falaises de Boulogne.

Les variétés cultivées dans les marais sont : le Céleri plein blanc, le Céleri turc, sous-variété du précédent, le Céleri creux ou à couper, et le Céleri-Rave
blanc. Le Céleri plein blanc et le Céleri turc peuvent
être traités de la même manière.

On sème la première saison sur couche, mais à
l'air libre, dès le mois de février ; la graine doit
être très-légèrement recouverte. Dans le courant
d'avril on repique le plant, en pleine terre, à environ 33 centimètres de distance sur la ligne. On trace
ordinairement dix rangs par planche.

Pour le faire blanchir on l'enveloppe entièrement

de grande litière. Planté en avril, il est bon à récolter en juillet et août. En mai on sème une seconde saison de Céleri; mais il faut, à cette époque, semer en pleine terre à une exposition ombragée pour repiquer immédiatement en place. On favorise la germination des graines par de fréquents bassinages; s'il arrivait que le plant fût trop dru, il faudrait l'éclaircir pour éviter qu'il ne s'étiolât. En juillet on repique le plant en place, à la distance ci-dessus indiquée. Aussitôt après la plantation on arrose pour faciliter la reprise, et l'on continue jusqu'à ce que le Céleri soit assez fort pour être blanchi. Ce blanchîment s'obtient de la manière suivante. On ouvre une tranchée de 1 mètre 33 cent. de large, dont on jette la terre à droite et à gauche; après quoi on relève le Céleri en motte pour le planter dans la tranchée. On en met huit par rang. Après la plantation on arrose, si le temps est sec, et, lorsque le Céleri commence à pousser de nouvelles feuilles, on enlève celles qui ont jauni; puis on coule environ 15 centimètres de terre ou de terreau entre chaque rang. Douze ou quinze jours après on achève de remplir la tranchée, de manière que le Céleri se trouve complétement enterré, sauf l'extrémité des feuilles. Pendant les gelées on le couvre de litière, qu'on enlève toutes les fois que la température le permet. Avec des soins on peut en conserver jusqu'à la fin de février.

Dans les marais de Meaux et de Viroflay on fait blanchir le Céleri sur place; à cet effet on plante le Céleri de deux en deux planches, et l'on sème de la

Laitue ou de la Chicorée dans les planches intermédiaires.

A l'époque de faire blanchir le Céleri on attache chaque pied avec un lien de paille, après quoi l'on prend entre les planches de la terre qu'on introduit entre chaque rang de Céleri, de sorte qu'il soit complétement enterré. Le Céleri cultivé de cette manière est plus ferme et plus savoureux que celui qui a blanchi dans le terreau.

Dans les marais de Nantes on prépare, pour la culture du Céleri, des fosses d'environ 1 mètre de large et de 20 centimètres de profondeur ; puis, en mai ou juin, on plante deux rangs de Céleri dans chaque fosse, et à l'époque de le faire blanchir on le butte avec la terre qu'on avait enlevée.

Céleri à couper ou *Céleri creux.* — On le sème en février sur couche, mais après une autre culture, et, sans remanier les couches ; on sème en pleine terre d'avril en juin.

Il faut environ 15 grammes de graine par planche. Au besoin on bassine le semis ; puis on éclaircit le plant, qui est toujours trop dru si le semis réussit bien. Cette variété est peu cultivée, car on ne l'emploie que comme assaisonnement ou fourniture de salade.

Céleri-Rave. — Les semis de Céleri-Rave ont lieu en février, sur couche. Dans la seconde quinzaine d'avril, ou dans la première quinzaine de mai, on repique le plant en pépinière, et dans la seconde quinzaine de juin on le contre-plante dans les planches de Choux-fleurs de printemps, ou bien on le plante seul. On fait ordinairement huit rangs par planche. Pour avoir de beau Céleri-Rave il faut qu'il soit arrosé abondamment pendant l'été. Il faut aussi retrancher les plus grandes feuilles et toutes les racines latérales, afin de favoriser le développement du tubercule.

En Alsace on le butte à plusieurs reprises, ce qui contribue également à le faire grossir.

En septembre on commence la récolte du Céleri-Rave, et on la continue successivement pendant tout l'automne. En le préservant de la gelée on peut facilement en conserver jusqu'au printemps.

Graines. — Pour récolter des graines de Céleri on en laisse en terre quelques pieds que l'on butte ou que l'on couvre de litière pendant les gelées. On récolte les graines en septembre; elles se conservent bonnes pendant trois ou quatre ans.

CERFEUIL (Scandix Cerefolium).

Plante annuelle indigène, cultivée pour fourniture de salade. On sème le Cerfeuil presque toute l'année, soit à la volée, quand on le sème parmi d'autres plantes, soit en rayons, lorsqu'on le sème seul; dans ce dernier cas on fait de onze à douze rayons par planche, et il faut à peu près 16 hectogrammes de graines.

En octobre on fait un premier semis que l'on récolte au printemps; puis, à partir du mois de mars, on sème successivement jusqu'en octobre. Seulement, comme la chaleur fait monter très-vite le Cerfeuil pendant l'été, il faut le semer à l'ombre.

On le récolte ordinairement environ six semaines après le semis ; puis on retourne la planche aussitôt après la première coupe.

Graines. — Pour obtenir des graines de Cerfeuil on le sème en octobre ; les graines sont bonnes à récolter à la fin de juin ; elles se conservent pendant deux ans.

CERFEUIL BULBEUX (Chærophyllum bulbosum).

Le Cerfeuil bulbeux est une plante alimentaire dont la racine est aussi estimée en Allemagne que le sont en France les bonnes Pommes de terre.

On sème le Cerfeuil bulbeux en septembre, c'est-à-dire aussitôt après la récolte des graines ; autrement elles ne lèvent que la seconde année, à moins qu'on ne prenne la précaution de les conserver dans du sable jusqu'au moment de faire le semis, qui peut alors n'avoir lieu qu'au printemps.

Après le semis, on recouvre la graine d'une bonne couche de terreau ; cela fait, le Cerfeuil bulbeux ne demande plus aucun soin particulier de culture autre que les sarclages et les arrosements que réclament tous les produits du potager.

Quelle que soit l'époque des semis, le Cerfeuil bulbeux est bon à récolter en juillet.

On peut le conserver après la récolte, tout aussi facilement que les Pommes de terre.

Les plus belles racines du Cerfeuil bulbeux récoltées soit en France, soit en Allemagne, n'ont pas dépassé jusqu'à présent le volume ordinaire des petites Carottes cultivées sur couche; mais cette culture, encore peu pratiquée chez nous, n'a pas dit son dernier mot. Il est probable qu'en choisissant avec persévérance les porte-graines, et en donnant des soins intelligents aux plantes obtenues de ces semis, on arriverait à augmenter le volume des tubercules.

Graines. — On choisit après la récolte les plus belles racines que l'on replante en automne. La graine mûrit en août; elle n'est bonne que pendant un an.

CHAMPIGNON COMESTIBLE (Agaricus edulis).

La culture des Champignons est pratiquée depuis plus d'un siècle dans les marais de Paris. Le succès de cette culture dépend de l'époque à laquelle on commence le travail, du choix et de la préparation du fumier destiné à former les meules, de l'établissement et des soins donnés à celles-ci.

Sur toute l'étendue de la rive gauche de la Seine, à Paris, on cultive les Champignons dans presque toutes les carrières dont l'exploitation est arrêtée. Là cette culture réussit bien en toutes saisons; mais il n'en est pas de même des cultures à l'air libre, car pendant l'été les orages font souvent avorter le blanc (*mycelium*). C'est pourquoi on ne commence pas ordinairement avant le mois de septembre ce travail, qu'on continue successivement jusqu'en décembre, de manière que la récolte soit terminée en mai.

Choix et préparation du fumier. — Le fumier provenant des chevaux qui font un travail pénible est celui qu'on doit employer de préférence, car, étant renouvelé moins souvent que celui des chevaux de luxe, il se trouve plus imprégné d'urine et contient plus de crottin ; enfin il est plus moelleux, condition essentielle pour le succès de l'opération. Ce fumier doit être déposé en tas, afin qu'il puisse entrer en fermentation, ce qui a lieu plus ou moins promptement suivant l'état primitif du fumier. Enfin, au bout d'un mois environ, on reprend le fumier à la fourche pour en former une couche (nommée planchée) d'environ 65 centimètres d'épaisseur sur 1 mètre 33 centimètres de largeur. On étend un premier lit de fumier, en ayant soin de retirer les plus longues pailles, les liens et le foin, puis de secouer le fumier de manière à bien mélanger les parties sèches avec celles qui sont le plus imprégnées d'urine ; pour former les bords de la couche on retourne avec la fourche le fumier sur les côtés, de manière que les bouts se trouvent en dedans. Dès qu'on a formé un lit de fumier on le mouille convenablement avec l'arrosoir à pomme, afin de déterminer une nouvelle fermentation ; puis on le foule avec les pieds, et cela aussi également que possible. On refait un second lit, que l'on traite de la même manière, et ainsi de suite jusqu'à ce qu'on soit arrivé à la hauteur indiquée, en ayant toujours soin de mouiller le fumier également, afin qu'il ne puisse se dessécher sur aucun point, ce qui est important, car cela seul pourrait compromettre le résultat de l'opération. On laisse le fumier dans cet état pendant huit ou dix jours, après quoi on remanie la couche en commençant par un bout; puis on la remonte de la même manière que la première fois, mais en ayant soin de remettre au centre ce qui se trouvait sur les bords et en-dessus. Après avoir laissé le fumier reposer ainsi pendant huit ou dix jours, il doit être bon à mettre en meule, c'est-à-dire être gras sans être trop humide et n'avoir plus que le degré de chaleur qui convient à l'opération. On commence alors à dresser ses meules; elles doivent avoir 60 centimètres de largeur à la base et autant de hauteur. A mesure qu'on élève la meule on a soin de fouler le fumier pour qu'il n'éprouve que le moins de tassement possible; on la monte en dos d'âne, de telle sorte qu'elle n'ait que 10 centimètres de largeur au sommet. Pendant la durée de l'opération on a soin de bien affermir les côtés de la meule en les battant légèrement avec le dos de la pelle ; puis avec le râteau on enlève les longues pailles qui dépassent de chaque côté. Si, après avoir monté ses meules, il survenait des pluies abondantes, il faudrait les envelopper d'une chemise (couverture) de grande litière, ce qui, par un temps favorable, ne doit avoir lieu qu'après avoir *gobeté* les meules, opération dont nous parlerons plus loin. Au bout de huit à dix jours on s'assure du degré de chaleur de la meule au moyen d'un thermomètre à couche, et, s'il ne marque pas plus de 15 à 18 degrés, on peut la larder, c'est-à-dire qu'on pratique des deux côtés de la meule, et à 10 ou 15 centimètres du sol, selon qu'il est sec ou humide, une rangée (quelques maraîchers en font deux) de petites ouvertures qui doivent être faites à la main et à 33·centimètres les unes des autres. Elles doivent avoir 4 ou 5 centimètres de large, c'est-à-dire être proportionnées au morceau qu'on veut y placer, et que l'on nomme *mise*.

On appelle *blanc* de Champignon de petits filaments blancs assez semblables à de la moisissure et qui se forment dans le fumier ; on le trouve soit dans le fumier en tas depuis longtemps, où il s'en forme souvent de très-bons, soit dans les vieilles couches à Melons ; c'est celui qu'on appelle *blanc vierge*. A défaut de ce blanc, on peut en prendre dans une meule déjà en rapport, mais où l'on n'aurait encore cueilli qu'une fois (1). Placé dans un lieu sec, le blanc de Champignon peut se conserver pendant deux ans ; ainsi il est facile de n'en jamais manquer. Ce blanc doit être placé dans chaque ouverture à fleur du flanc de la meule ; puis on appuie légèrement avec la main, afin de le mettre en

(1) On peut encore se procurer du blanc de Champignon de la manière suivante. En juillet on prépare un peu de fumier comme nous l'avons indiqué en parlant de la préparation des meules à Champignons, et, lorsqu'il est bon à employer, on prépare une tranchée d'environ 66 centimètres de largeur sur 66 centimètres de profondeur, à l'exposition du nord ; ensuite on prend un peu de blanc de Champignon, et on le divise par petites parties, que l'on met sur deux rangs au fond de la tranchée, à environ 33 centimètres les unes des autres. Après cela on remplit la tranchée avec le fumier préparé d'avance, on le foule avec les pieds ; puis on recouvre le tout avec la terre provenant de la tranchée. Ordinairement, vingt ou vingt-cinq jours après, en retirant la terre, on trouve que le blanc s'est étendu partout ; alors le fumier peut être coupé par morceaux et déposé dans un grenier pour servir au besoin.

contact parfait avec le fumier. Dans le cas où l'on craindrait qu'il y ait encore trop de chaleur, on ne rapprocherait le fumier qu'au bout de quelques jours. Huit ou dix jours après avoir lardé la meule, si l'on aperçoit quelques petits filaments blanchâtres qui commencent à s'étendre sur toute la surface, c'est une preuve que le blanc a pris. Si rien ne paraissait, il faudrait recommencer l'opération en remettant de nouveau blanc dans des ouvertures pratiquées à côté des anciennes; si au contraire on a remarqué les traces que nous indiquons, on prendra de la terre légère et maigre, salpêtrée autant que possible, on la passera à la claie, et l'on en étendra partout une épaisseur d'environ 3 centimètres, que l'on appuiera légèrement avec le dos de la pelle. C'est ce qu'on appelle *gobeter*.

Si le temps est doux et sec, on rafraîchit la meule par de légers bassinages; mais il faut bien se garder de lui donner trop d'eau à la fois, car l'excès d'humidité détruirait les Champignons naissants. Après avoir gobeté on couvre la meule d'une chemise de 5 à 6 centimètres d'épaisseur de grande litière (une couverture plus épaisse pourrait faire de nouveau fermenter le fumier, ce qui détruirait tout espoir de récolte), qu'on augmentera pendant les gelées, suivant la rigueur du froid. Environ six semaines après on peut commencer à cueillir les Champignons. Pour les chercher on relèvera la litière avec soin, et, après les avoir cueillis, on remplira les trous qu'ils occupaient avec un peu de terre de même nature que celle qui a servi à gobeter la meule. Si l'on trouvait quelques places où les jeunes Champignons eussent fondu, il faudrait enlever toute la partie détruite et remettre de la terre nouvelle. Il faut en même temps, même après avoir épuisé un côté de la meule, la recouvrir soigneusement avec de la litière. Une meule peut produire pendant trois à cinq mois. Comme, dans les carrières, les Champignons sont cultivés exactement ainsi que nous venons de l'indiquer, nous nous bornerons à dire que, vu l'égalité de température qui règne dans ces localités, il devient inutile de couvrir les meules de litière.

CHICORÉE SAUVAGE (Cicorium intybus).

Elle se mange en salade lorsqu'elle est très-jeune ou qu'on l'a fait blanchir.

On sème la Chicorée sauvage en pleine terre à partir du mois d'avril jusqu'en automne ; mais dans les marais de Paris, comme on ne cultive la Chicorée que sur couche, on la sème en février et mars. Pour cela on prépare une couche de 35 à 40 centimètres d'épaisseur, on la charge de 15 centimètres de terreau, puis on sème la Chicorée par rayons. On donne de l'air toutes les fois que la température le permet et l'on bassine au besoin, ce qui, à cette époque, ne doit avoir lieu que dans la matinée. On peut couper de la Chicorée ainsi traitée dix ou douze jours après le semis. Aussitôt après la seconde coupe on emploie les panneaux à un autre usage, ou bien on charge la couche de nouveau terreau, puis on fait un nouveau semis sur la même couche.

On peut aussi semer de la Chicorée sur ados, ce qui a lieu de la manière suivante : on sème à l'époque ci-dessus indiquée, puis on couvre le semis avec de la litière qu'on enlève aussitôt que les graines ont germé; après quoi l'on place immédiatement les panneaux. On peut à la rigueur se passer de coffres; on pose alors les panneaux sur quatre pots à fleurs, puis on entoure le tout d'un réchaud de fumier. Quant au reste, les soins sont exactement les mêmes que ceux précédemment indiqués.

Les cultivateurs de la commune de Montreuil sèment chaque année une grande quantité de Chicorée sauvage pour faire de la salade appelée Barbe-de-Capucin. Les semis destinés à cet usage ont lieu en avril. On sème clair et en rayons, que l'on trace à 20 centimètres les uns des autres; il faut environ 250 grammes de graines par planche. Dans le courant de l'été on donne quelques binages; puis, à l'approche des gelées, on arrache les racines en les soulevant à la fourche, afin de ne pas les rompre. On les met en jauge de manière à les avoir à sa disposition, et dans le courant d'octobre, époque à laquelle commence ordinairement ce travail, on prépare une couche d'environ 40 centimètres d'épaisseur, dont la chaleur soit de 15 à 20 degrés. L'endroit le plus favorable pour l'établissement de cette couche est une cave basse, sans air ni lumière. Lorsque la couche a jeté son premier feu, on réunit les racines par bottes, mais après en avoir enlevé avec soin les vieilles feuilles et toutes les parties qui seraient susceptibles d'engendrer de la moisissure; après quoi on les place debout sur la couche, puis on bassine fréquemment avec l'arrosoir à pomme ; mais, comme toujours, les arrosements doivent être proportionnés à la chaleur de la couche, et, dès que la Chicorée commence à pousser, les arrosements doivent être donnés avec beaucoup de ménagements, pour éviter d'engendrer la pourriture dans l'intérieur des bottes. Ordinairement, au bout de quinze ou dix-huit jours la Chicorée est assez longue pour être ré-coltée.

A partir de l'époque ci-dessus indiquée on peut successivement, sur la même couche, faire blanchir de la Chicorée jusqu'en mars et avril ; seulement, après chaque récolte on enlève le fumier le plus con-sommé, que l'on remplace par une égale quantité de fumier neuf, afin d'entretenir dans la couche le même degré de chaleur.

Dans les marais de Viroflay on cultive une grande quantité de Chicorée sauvage. On la sème à la volée vers la fin du mois de mai ou le commencement de juin ; on la coupe en automne ; puis en février on la couvre d'environ 3 centimètres de terreau de feuilles, ou, à défaut, avec de la terre prise dans les sentiers, et, dix ou douze jours après, on la coupe entre deux terres. On fait ordinairement deux ou trois cueillet-tes, après quoi on la laisse reposer pour recommen-cer l'année suivante.

Graines. — On récolte la graine de Chicorée sauvage en septembre, sur du plant de l'année précédente. Elle se conserve pendant huit à dix ans.

CHICORÉE FRISÉE (Cicorium Endivia).

La patrie de cette plante, qui est annuelle, est inconnue; on pense qu'elle est originaire des Indes orientales.

Dans les marais de Paris on cultive la Chicorée d'Italie, la Chicorée de Rouen ou corne de cerf, la Chicorée de Meaux et la Chicorée-Scarole.

Culture sur couche.—La Chicorée d'Italie est particulièrement employée pour la culture sur couche. Les premiers semis ont ordinairement lieu dans la première quinzaine de septembre, sous cloches, mais à froid, et dans les premiers jours d'octobre. On repique le plant également sous cloche (dix ou douze plants sous chacune), et vers la fin d'octobre ou le commencement de novembre on repique ses Chicorées sous panneaux, mais sur terre; après la plantation on donne autant d'air que possible, afin d'éviter la pourriture. Pendant les gelées on couvre les panneaux la nuit. Ces Chicorées sont bonnes à récolter en janvier et février.

Les autres semis ont lieu en janvier, février et mars, mais alors sur couches et sous panneaux. Pour faire ces semis on prépare une couche d'environ 50 centimètres d'épaisseur, dont la chaleur soit de 25 à 30 degrés; car, pour obtenir du plant qui ne monte pas, il faut que les graines germent en vingt-quatre heures, quelle que soit l'époque; mieux vaut d'ailleurs recommencer un semis que de repiquer du plant qui aurait langui. On charge la couche d'environ

15 centimètres de terreau. Après le semis on foule
la graine ; on couvre le châssis avec plusieurs paillassons, afin de concentrer la chaleur, et, lorsqu'elle
est germée, on la recouvre avec un peu de terreau
fin ; après quoi on bassine au besoin, et, douze ou
quinze jours après le semis, lorsque le plant a quatre petites feuilles, on le repique en pépinière, pour
le planter enfin à demeure quinze jours ou trois semaines après, toujours sous panneaux, mais sur une
couche moins chaude.

On couvre les panneaux pendant la nuit avec des
paillassons, et on donne de l'air toutes les fois que la
température le permet ; puis, lorsque les Chicorées
sont assez fortes, on les lie, afin d'en faire blanchir
le cœur. Les premières Chicorées, c'est-à-dire celles
qu'on a semées en janvier, sont bonnes à récolter dès
la fin d'avril, puis successivement et dans l'ordre
des semis.

Dans la seconde quinzaine de mars on peut
commencer à repiquer des Chicorées en pleine
terre, mais sous cloches ou sous panneaux qu'on
enlève aussitôt que le temps est favorable.

Pleine terre. — Pour la culture en pleine terre
on préfère la Chicorée d'Italie et la Chicorée de
Rouen. La Chicorée de Meaux est généralement réservée pour les dernières plantations.

En avril et mai on sème encore la Chicorée sur
couche, mais à l'air libre. A cette époque le plant
peut sans inconvénient être repiqué immédiatement
en pleine terre, ce qui a lieu ordinairement vingt-
cinq jours après le semis.

En juin et juillet on sème en pleine terre, à une exposition ombragée (toutefois, dans les terres fortes, il vaudrait encore mieux continuer de semer sur couche); d'ailleurs, quelle que soit l'époque du semis, on éclaircit et l'on bassine au besoin, de manière que le plant soit vigoureux, et, lorsqu'il est de force à être planté, on étend un bon paillis sur chaque planche. On trace huit ou dix rangs dans chacune, puis on plante à environ 40 centimètres de distance sur la ligne. On arrose assidûment, afin de faciliter la reprise, et l'on continue de donner de l'eau toutes les fois qu'il en est besoin. Lorsque les Chicorées sont suffisamment développées, on profite d'un temps sec pour relever les feuilles; on place un premier lien de paille à chacune, puis un second quelques jours après, afin de faire blanchir l'intérieur. Vers la fin d'octobre ou au commencement de novembre on achève de lier toutes les Chicorées pour les garantir plus facilement du froid, et dès les premières gelées on les couvre avec des paillassons ou de la litière, que l'on enlève toutes les fois que le temps le permet. Lorsque les gelées augmentent, on les arrache et on les rentre dans la serre à légumes, ou on les enterre à moitié dans du sable; de cette manière on peut en conserver jusqu'en janvier.

A Bonneuil on cultive la Chicorée de Meaux; on la sème en juin et juillet. Indépendamment de celle destinée à être repiquée, on en sème en plein champ, à la volée, après la récolte des Oignons jaunes, des Choux ou des Pommes de terre hâtives; toute la culture consiste à en éclaircir le plant, à donner quelques binages, puis à lier les Chicorées lorsqu'elles sont suffisamment garnies.

Chicorée-Scarole. — Il existe plusieurs variétés de Chicorée-Scarole, mais la seule cultivée dans les marais est celle à feuilles rondes. La culture des Chicorées-Scaroles étant tout à fait analogue à celle des Chicorées frisées cultivées en pleine terre, nous croyons inutile de traiter ce sujet plus longuement.

Graines. — Pour avoir de la graine on sème en février les Chicorées frisées sur couche chaude ; quinze jours après on repique le plant sur une autre couche, et en avril on la plante en pleine terre, à environ 5o centimètres de distance.

On peut aussi replanter au printemps des Chicorées récoltées en automne, que l'on conserve sous panneaux pendant l'hiver.

Les graines sont bonnes à récolter vers la fin de septembre ; elles se conservent pendant cinq ou six ans.

CHOUX (Brassica oleracea capitata).

L'espèce type, à tige assez élevée et rameuse, à feuilles glauques, lobées et un peu charnues, croît spontanément sur le bord de la mer, en Angleterre, en France et dans l'Europe septentrionale.

Choux cabus ou pommés. — Les variétés cultivées dans les marais de Paris ou des environs sont : les Choux d'York petit et gros, cœur-de-bœuf petit et gros, pain-de-sucre, rouge petit et gros, vert de Vaugirard, de Saint-Denis ou Chou blanc de Bonneuil, enfin le Chou quintal ou gros Chou d'Allemagne.

Les Choux d'York, cœur-de-bœuf et pain-de-sucre, se sèment depuis la Saint-Louis jusqu'à la Notre-Dame de septembre, c'est-à-dire du 25 août au 15 septembre. En octobre on prépare une ou plusieurs planches, sur chacune desquelles on trace dix-huit rangs; après quoi on repique le plant en pépinière, à 15 centimètres de distance sur la ligne; mais avant la plantation il faut avoir soin de réformer tous les Choux borgnes, c'est-à-dire ceux qui n'ont pas de bourgeon terminal, car ces Choux ne pomment pas.

On les laisse en cet état jusqu'à la fin de novembre ou au commencement de décembre, et, après avoir fumé et labouré le terrain, on trace neuf rangs dans chaque planche, et l'on plante ses Choux à environ 35 centimètres de distance sur la ligne. Dans les marais dont la terre est froide ou humide on ne plante qu'en février ou mars, et alors on sème à la volée à travers les Choux des Épinards, des Radis ou de la Laitue à couper. Quelques maraîchers sèment aussi des Épinards ou de la Laitue à couper dans le sentier de leurs planches de Choux. Si l'hiver est rigoureux, il faut couvrir les Choux avec de la litière, afin de les garantir des gelées. Si, au printemps, il arrivait qu'on manquât de plant, il faudrait semer sur couche en février, repiquer le plant en pépinière sur une couche très-mince, et, au bout d'une quinzaine de jours, le relever en motte pour le mettre en place. Les produits de ces diverses variétés se succèdent dans l'ordre suivant.

Les Choux d'York commencent à donner vers la fin d'avril ou au commencement de mai; puis viennent successivement les Choux cœur-de-bœuf et pain-de-sucre, qui continuent jusqu'en juin.

Chou rouge. — On en cultive deux variétés, le gros et le petit, mais plus particulièrement le petit, parce qu'il est plus hâtif, et surtout d'une couleur sanguine beaucoup plus foncée. On le sème ordinairement en février sur couche ou en mars à bonne exposition. Lorsque le plant est de force suffisante, on le repique immédiatement en place, mais à une distance plus grande que celle indiquée pour les Choux d'York. Les premiers Choux rouges sont bons à récolter en août, et l'on peut en conserver jusqu'en février.

Chou vert de Vaugirard.—On le sème en juin, mais pas plus tard, car il faut qu'il ait le temps de pommer avant l'hiver; on le repique en juillet immédiatement en place. Assez ordinairement on en forme un rang sur chaque bord de la planche, quelquefois même on le repique au milieu des sentiers, mais cette dernière disposition est fort incommode pour le service des planches. Ce Chou peut facilement se conserver jusqu'en mars et avril, et, comme souvent à cette époque les autres Choux sont épuisés, on les vend très-avantageusement.

Chou pommé de Saint-Denis ou Chou blanc de Bonneuil. — A Aubervilliers on le sème en avril; en mai on le plante immédiatement en place. On trace les rangs à 5o centimètres les uns des autres, et on plante à 75 centimètres de distance sur la ligne.

A Bonneuil on le sème dans la seconde quinzaine d'août; vers la fin de septembre ou au commencement d'octobre on repique le plant en pépinière; puis on en plante une partie en novembre et le reste en février ou en mars, afin que tous ne donnent pas à la fois.

Les premiers plants sont bons à récolter en juillet, et les autres en août et septembre.

Chou quintal. — On sème le Chou quintal dans la première quinzaine de mars, et on le plante en avril et mai immédiatement en place, mais beaucoup plus espacé que tous les autres, car c'est le plus gros des Choux pommés. Pendant l'été on donne quelques binages; en Alsace on le butte à plusieurs reprises, opération qui détermine une végétation des plus vigoureuses.

Le Chou quintal est généralement estimé, surtout pour faire la choucroute.

Choux de Milan (à pommes frisées). — On ne cultive pas de Choux de Milan dans les marais de Paris; mais à Aubervilliers et sur plusieurs autres points on en récolte une très-grande quantité. Les variétés cultivées sont : le Milan court hâtif, ordinaire, celui des Vertus ou gros Chou frisé d'Allemagne, et le Chou de Bruxelles ou Chou rosette.

Chou de Milan court hâtif (extrêmement trapu, de moyenne grosseur et d'un vert très-foncé). — On le cultive particulièrement dans les communes de Belleville, Romainville et Bagnolet. On le sème en mai et juin, puis on le plante immédiatement en place en juin et juillet. Il pomme au commencement de l'hiver et se conserve jusqu'en mars.

Chou de Milan ordinaire (plus gros que le précédent et d'un vert plus tendre). — On le sème en février ou mars, puis on le plante en avril immédiatement en place, et on le récolte en juin et juillet.

Chou de Milan des Vertus. C'est le plus gros de tous les Milans. (Feuilles peu frisées, souvent d'un vert très-glauque.)—C'est le seul cultivé à Aubervilliers. On sème les premiers en avril, puis successivement jusqu'en juin. Un mois environ après le semis on les plante immédiatement en place. On trace les rangs à 50 centimètres les uns des autres, et l'on plante à 75 centimètres de distance sur la ligne. On fait les trous avec le hoyau, et, si le temps est sec, on a soin de mettre de l'eau dans les trous avant de planter; après quoi on plante à la main en serrant légèrement la terre autour des racines.

Comme les fortes gelées détruisent les Choux bons à récolter, aussi bien les Milans que les Cabus, les cultivateurs d'Aubervilliers, vers la fin de novembre ou au commencement de décembre, arrachent tous leurs Choux, puis ils les laissent sur le terrain, la tête en bas et la racine en l'air; lorsque le temps est à la gelée, ils ouvrent de profonds sillons avec la charrue, placent un rang de Choux dans chaque sillon, garnissent les racines avec de la terre, et, lorsqu'il gèle, les couvrent de fumier. De cette manière les Choux se trouvent garantis, et l'on peut en vendre pendant tout l'hiver.

Chou de Bruxelles. — Le Chou de Bruxelles est une variété du Chou de Milan qui produit de petites pommes frisées à l'aisselle des feuilles.

Depuis quelques années la culture du Chou de Bruxelles a pris une extension considérable aux environs de Paris, surtout dans les communes de Noisy-le-Sec et de Rosny, près Montreuil; on fait les premiers semis en février et mars, puis on continue successivement jusqu'en juin. On repique le plant immédiatement en place après la récolte des Pommes de terre hâtives. On récolte les premiers Choux de Bruxelles en octobre, puis successivement jusqu'en février. Pour n'en pas manquer en hiver, avant les fortes gelées on les relève en mottes; puis on les plante dans une cave ou dans la serre à légumes, où ils se conservent parfaitement bien.

Choux verts non pommés. — Les variétés cultivées sont celles dites à grosses côtes blond et à grosses côtes frangé.

Chou à grosses côtes blond. Peu élevé; feuilles grandes, lisses, d'un vert blond, arrondies, à côtes larges, pleines et charnues. — Il est peu cultivé autour de Paris, mais dans les marais de Meaux on en récolte une si grande quantité que sur tous les marchés on le connaît généralement sous le nom de Chou de Meaux. On le sème dans la seconde quinzaine de juin, puis on le plante en juillet et août. On récolte les premiers en novembre et décembre, et successivement pendant tout l'hiver.

Chou à grosses côtes frangé. Il diffère du précédent par ses feuilles frangées sur le bord. — On le cultive particulièrement dans les marais de Saint-Germain, où il est connu sous le nom de Chou fraise-de-veau. On le sème et on le plante à la même époque que le Chou à grosses côtes blond; on récolte les premiers au printemps, et les autres successivement jusqu'en mai.

CHOU-RAVE BLANC ou DE SIAM (Brassica Rapa).

Le Chou-Rave a la tige renflée immédiatement au-dessus de terre, en forme de boule charnue, de laquelle sortent les feuilles. On sème le Chou-Rave en mai et juin. Lorsque le plant est assez fort pour être repiqué, on trace huit rangs par planche, puis on plante à environ 4o centimètres de distance sur la ligne. Pendant les chaleurs on arrose abondamment, afin d'avoir des Choux bien tendres et de bonne qualité.

Ces Choux résistent parfaitement à des gelées assez fortes; aussi, à moins que l'hiver ne soit rigoureux, on peut les laisser en pleine terre, où ils se conservent facilement jusqu'au printemps.

En Alsace on butte les Choux-Raves à plusieurs reprises, pour qu'ils soient tendres et de bonne qualité.

CHOU-NAVET (Brassica campestris Napa).

Le Chou-Navet produit en terre une racine charnue qui a la saveur du Chou-Rave. On le sème en juin et juillet, soit en pépinière, soit en ligne immédiatement en place.

Bien que les Choux - Navets résistent aux plus grands froids, les cultivateurs de Montreuil et de Bagnolet les rentrent en automne dans leur cellier

Graines. — Les Choux dont on veut récolter les graines doivent être semés à la fin de mai ou au commencement de juin. On repique le plant en pépinière vers la fin de juin ou le commencement de juillet pour le mettre en place dans la seconde quinzaine de novembre. Il faut alors avoir soin de rejeter tous les plants qui paraîtraient ne pas être d'espèce franche, et, si les porte-graines sont d'espèces différentes, il faut les éloigner les uns des autres, de manière qu'à l'époque de la floraison il ne puisse y avoir croisement de races, car alors les graines ne produiraient plus que des individus dégénérés. Dans les hivers rigoureux il faut couvrir les porte-graines avec de la grande litière, afin de les garantir des gelées.

On peut aussi conserver comme porte-graines le pied des Choux dont on a mangé la pomme.

Quant aux Choux-Raves et aux Choux-Navets, il faut choisir les plus beaux en automne pour les replanter au printemps.

Les graines de Choux mûrissent en juillet et août et se conservent bonnes pendant cinq ou six ans.

CHOUX-FLEURS (Brassica oleracea botrytis).

Dans les marais de Paris on cultive trois races principales de Choux-fleurs : le tendre ou petit Salomon, le demi-dur ou gros Salomon, et le dur.

Culture sous châssis. — Le Chou-fleur tendre est particulièrement employé pour la culutre sous châssis. On le sème en pleine terre dans la première quinzaine de septembre. Avant de semer on laboure et l'on herse le terrain à la fourche ; puis, après le semis, on herse de nouveau et l'on recouvre les graines d'une légère couche de terreau. Aussitôt après on arrose si le temps est sec, et l'on entretient la terre humide jusqu'à ce que les graines soient levées. Lorsque le plant est bon à repiquer, c'est-à-dire lorsque les cotylédons et les premières feuilles sont bien développés, on laboure un certain espace de terrain, puis on le herse ; après quoi on place des coffres et l'on étend un bon lit de terreau ; on le foule légèrement, et, lorsqu'il est préparé, on bassine le plant une heure ou deux avant de planter. Ensuite on le soulève à la bêche, afin de ne pas rompre les racines, puis on le tire à la main avec précaution, et, lorsqu'on en a levé une certaine quantité, on le repique avec le doigt comme on le ferait avec le plantoir, en ayant soin de l'enfoncer jusqu'aux cotylédons. On plante ordinairement seize rangs de Choux-fleurs, à quarante-cinq par rang, dans chaque coffre. Au potager de Versailles on repique chaque année une certaine quantité de plants de Choux-fleurs dans de grands godets. De cette manière, si, à l'époque de la plantation, on n'a pas de couche disponible, on peut sans inconvénient conserver ces Choux-fleurs en pot jusqu'à une époque très-avancée; mais, dans un cas comme dans l'autre, après la plantation on arrose pour faciliter la reprise, et l'on continue au besoin.

Lorsqu'il gèle on pose les panneaux, et l'on donne de l'air tous les jours, aussi longtemps que la température le permet. Si, malgré cette précaution, il arrivait que le plant avançât trop, il faudrait préparer le terrain, comme nous l'avons précédemment indiqué, placer les coffres et relever les Choux-fleurs pour les replanter aussitôt, mais un peu plus éloignés que la première fois, afin de retarder la végétation et d'endurcir le plant.

Quand les froids deviennent rigoureux, pendant la nuit et par les mauvais temps, on couvre les panneaux avec des paillassons, mais on découvre et on donne de l'air toutes les fois que la température le permet. Comme il arrive quelquefois, dans les hivers rigoureux, qu'on est forcé de priver les Choux-fleurs d'air et de lumière pendant un certain temps, il faut, aussitôt que la température est favorable, enlever les paillassons, mais donner peu d'air pendant les premiers jours et ombrer au moment du soleil. Dans les terres légères et saines on plante des Choux-fleurs sous panneaux. Dès le mois de novembre ordinairement on contre-plante ces Choux-fleurs dans de la Chicorée fine, plantée sur terre vers la fin d'octobre ou au commencement de novembre. Pour cette plantation comme pour toutes celles qui ont lieu à partir de cette époque, on soulève les plants afin de ne pas rompre les racines, puis on les tire à la main avec précaution, et l'on réforme avec soin tous ceux qui n'ont pas de bourgeon terminal, ceux qui ont des protubérances au collet, enfin tous ceux qui ne paraissent pas d'une belle venue.

Après avoir arraché le plant dont on a besoin, on plante avec le plantoir six Choux-fleurs par panneau. Après la plantation on arrose pour faciliter la reprise, ce que l'on continue de faire au besoin. Pendant la nuit et par le mauvais temps on couvre les panneaux avec des paillassons.

On donne de l'air toutes les fois que la température le permet, et, lorsque les Choux-fleurs atteignent les vitraux, on exhausse les coffres en plaçant de gros tampons de paille sous chaque pied. Si dans la seconde quinzaine de mars le temps est favorable, on enlève les panneaux; mais comme à cette époque les nuits sont très-souvent froides et qu'il peut survenir quelques journées de mauvais temps, il faut placer deux rangs d'échalas (l'un vers le haut du coffre et l'autre vers le bas), sur lesquels on fixe des lattes de treillage, de manière à supporter les paillassons que l'on place pendant la nuit et par le mauvais temps.

Arrivé à cette époque il faut avoir soin de visiter souvent ses Choux-fleurs. Dès qu'ils commencent à marquer on couvre la pomme avec quelques feuilles intérieures, de manière à la priver d'air et de lumière; l'on a soin de les tenir ainsi couverts jusqu'au moment de la récolte, afin d'avoir des Choux-fleurs bien blancs. Ainsi traités ces Choux-fleurs sont ordinairement bons à récolter dans la seconde quinzaine d'avril.

Vers la fin de décembre ou janvier, ou même dans les premiers jours de février, on plante une seconde saison de Choux-fleurs sous panneaux. On prépare une couche d'environ 40 centimètres d'épaisseur, dont la chaleur soit de 15 à 18 degrés. On la charge de 15 centimètres de terreau, et, lorsque la chaleur de la couche est favorable, on plante deux rangs de Choux-fleurs par coffre, puis trois rangs de Laitue gotte entre les Choux-fleurs ; souvent aussi on contre-plante, à la même époque, des Choux-fleurs dans les semis de Carottes. Aussitôt après la plantation on arrose, et pendant la nuit et par le mauvais temps on couvre les panneaux avec des paillassons ; on donne de l'air toutes les fois que la température le permet ; enfin on couvre les pommes comme nous l'avons précédemment indiqué.

Les Laitues sont bonnes à récolter en janvier et les Choux-fleurs dans la seconde quinzaine d'avril.

Enfin dans les premiers jours de février on plante les derniers Choux-fleurs sous panneaux. Ordinairement on les plante après une saison de Laitue. On retourne le terreau qui couvre la couche, puis on plante deux rangs de Choux-fleurs par coffre.

On met trois ou quatre Choux-fleurs par rang sous chaque panneau, et trois rangs de Laitue gotte entre les Choux-fleurs ; puis, comme nous l'avons précédemment indiqué, on arrose après la plantation. Pendant la nuit et par le mauvais temps on couvre les panneaux avec des paillassons. On donne de l'air toutes les fois que la température le permet. On a soin de couvrir les Choux-fleurs dès qu'ils commencent à marquer ; enfin on enlève les panneaux dans la seconde quinzaine de mars si le temps est favorable. Ces Choux-fleurs sont ordinairement bons à récolter dans la seconde quinzaine d'avril ou dans la première quinzaine de mai.

Culture en pleine terre. — On divise cette culture en Choux-fleurs de printemps, d'été et d'automne.

Choux-fleurs de printemps. — Pour planter au printemps, on sème des Choux-fleurs demi-durs à la même époque que les Choux-fleurs tendres, et on les traite exactement de même. On plante les premiers dans la première quinzaine de mars, dans les costières consacrées aux Romaines; on les dispose sur deux ou trois rangs, suivant la largeur de la costière, et à 66 centimètres de distance sur la ligne. On les plante avec le plantoir, en ayant soin de les enfoncer jusqu'aux premières feuilles, afin de favoriser le développement de nouvelles racines qui sortent de la portion de tige qui se trouve en terre.

Indépendamment des Choux-fleurs cultivés dans les costières, on en plante en plein marais, dans la seconde quinzaine de mars, ce qui, à toutes les époques de l'année, doit avoir lieu de la manière suivante. On donne un bon labour aux planches dans lesquelles on se propose de planter, puis on herse le terrain à la fourche; on passe le râteau pour enlever les mottes et les pierres; on étend un bon paillis de fumier à moitié consommé, et l'on trace avec les pieds deux ou trois rangs par planche; après quoi on plante les Choux-fleurs à 66 centimètres de distance sur la ligne, en ayant soin de les enfoncer jusqu'aux premières feuilles; puis on contre-plante un rang de Laitues ou de Romaines entre chaque rang de Choux-fleurs. Comme ceux cultivés en costières, on les arrose au besoin ; les premiers sont ordinairement bons à récolter dans la première quinzaine de juin.

Choux-fleurs d'été. — Dans les terrains où la culture des Choux-fleurs présente de l'avantage pendant l'été, ce qui n'a pas lieu en toute circonstance, car généralement la terre des marais de Paris est trop légère pour obtenir de beaux produits pendant les grandes chaleurs, on sème les Choux-fleurs d'été, vers la fin d'avril ou dans les premiers jours de mai, sur une vieille couche. Le Chou-fleur demi-dur convient mieux ici que tous les autres ; c'est même le seul cultivé à cette époque dans les marais de Paris. On bassine le plant au besoin, et dans les premiers jours de juin on prépare un terrain comme nous l'avons précédemment indiqué, et l'on y plante ces Choux-fleurs immédiatement en place, en ayant soin de les enfoncer jusqu'aux premières feuilles ; puis entre les Choux-fleurs on contre-plante des Laitues, de la Romaine ou de la Chicorée ; on arrose abondamment. Ces Choux-fleurs sont bons à récolter en juillet et août.

Choux-fleurs d'automne. — Le Chou-fleur dur, l'un des plus estimés pour les cultures d'automne, étant un peu plus tardif que le Chou-fleur demi-dur, quelques maraîchers cultivent les deux races, afin d'avoir des produits qui se succèdent. On sème les Choux-fleurs d'automne, dans la première quinzaine de juin, en pleine terre, à une exposition ombragée, et l'on bassine souvent, pour éviter que le plan ne durcisse.

Dans le courant de juillet on repique deux rangs

de Choux-fleurs sur les vieilles couches à Melons. A la même époque on prépare son terrain, et l'on plante immédiatement en place ; puis entre les Choux-fleurs on contre-plante des Chicorées ou de la Scarole. Quel que soit l'état de la température on arrose aussitôt après la plantation, et l'on continue au besoin ; car à cette époque tout le succès de cette culture dépend de l'abondance des arrosements, qui doivent être très-fréquents, surtout durant les premiers mois. Convenablement soignés, c'est-à-dire abondamment arrosés, ces Choux-fleurs sont bons à récolter en octobre et novembre. On peut en conserver jusqu'en février, et quelquefois même jusqu'en avril ; pour cela il faut les couper le plus tard possible, surtout par un temps bien sec, afin de ne les rentrer que lorsqu'ils sont bien ressuyés, car de là dépend toute la durée de leur conservation.

Il arrive quelquefois que parmi ces Choux-fleurs il s'en trouve qui ne font que commencer à marquer leur pomme quand les gelées arrivent ; on supprime dans ce cas les plus grandes feuilles, on les lève en mottes, puis on les plante dans un coffre. On place ensuite des panneaux qu'on couvre de paillassons pendant la nuit et par le mauvais temps, et on donne de l'air toutes les fois que la température le permet. Ainsi traités ces Choux-fleurs sont bons à récolter pendant l'hiver.

Conservation des Choux-fleurs. — Après avoir enlevé toutes les feuilles des Choux-fleurs, on les dépose sur les tablettes de la serre à légumes, ou bien, ce qui est encore préférable, on les pend la tête en bas; mais comme, en séchant, leur volume diminue beaucoup, il faut, la veille du jour où l'on veut les vendre, couper le bout du trognon et les mettre tremper dans de l'eau fraîche pendant quelques heures, en ayant soin d'éviter de mouiller la tête. Ils ne tardent pas à reprendre leur grosseur primitive sans avoir rien perdu de leur qualité.

Ce procédé n'a plus qu'une importance secondaire depuis qu'on peut avoir, à Paris, dès le mois de février, des Choux-fleurs nouveaux venant de la Bretagne. Nous ne dissimulerons cependant pas que ces derniers ont un goût de terroir particulier qui ne convient pas à tous les consommateurs.

Graines. — Pour récolter de la graine de Choux-fleurs on plante en mars des Choux-fleurs semés en septembre et abrités pendant l'hiver sous cloches ou sous panneaux; lorsqu'ils sont pommés, on réforme tous ceux dont l'aspect laisse à désirer, afin d'avoir des graines bien franches. Les graines mûrissent en septembre et octobre et peuvent se conserver pendant cinq ans.

CHOU BROCOLI (Brassica oleracea botrytis cymosa).

Le Chou brocoli est une espèce de Chou-fleur originaire d'Italie; les variétés connues sous le nom de blanc hâtif, violet hatif, blanc d'hiver et blanc de printemps, sont généralement estimées.

On sème les premiers Brocolis vers la fin de mars, puis on continue les semis successivement jusque dans les premiers jours de mai, en commençant par les variétés les plus hâtives. Lorsque le plant est suffisamment fort on le repique en pépinière, et, un mois après, on le met en place à 60 centimètres de distance en tous sens.

Les Brocolis hâtifs semés en mars commencent à donner leurs produits en septembre; ceux semés en avril et mai suivent dans l'ordre du semis, de manière que l'on peut facilement en récolter pendant tout l'automne, l'hiver et le printemps.

Beaucoup plus rustiques que les Choux-fleurs, les Brocolis peuvent supporter sans souffrir quelques degrés de froid; cependant il est plus prudent de les relever en motte à l'approche des gelées, pour les replanter tous, à côté les uns des autres, dans une tranchée de 1 mètre 33 centimètres de large, sur laquelle on place des panneaux ou des paillassons qu'on enlève toutes les fois que la température le permet.

Graines. — Pour avoir de la graine on réserve les plus beaux Brocolis de chaque espèce. Les graines mûrissent en juillet et août; elles se conservent pendant cinq ans comme les graines de Choux-fleurs.

CHOU MARIN, CRAMBÉ MARITIME (Crambe maritima).

Plante vivace indigène, dont on mange les feuilles naissantes, qu'on fait blanchir en buttant le pied; elle est rustique et d'une culture facile. Dans des conditions favorables (c'est-à-dire dans un terrain sablonneux et bien fumé), elle produit pendant fort longtemps; nous avons vu une plantation de Crambé en plein rapport, qui, depuis quinze ans, donne chaque année plusieurs récoltes. On le multiplie de graines semées en mars en pleine terre, en place ou en pépinière ; mais ce moyen est lent, et le mieux, si l'on possède déjà cette plante, est de la multiplier par boutures de racines.

En février on coupe des racines par tronçons de 6 à 8 centimètres de longueur ; on les plante dans de petits pots qu'on enfonce sur une couche tiède ; après quoi on les couvre de cloches ou de panneaux, et, lorsqu'elles commencent à végéter, on leur donne d'abord un peu d'air et on augmente successivement. Ces boutures ainsi traitées acquièrent un tel développement qu'elles peuvent être plantées quelques mois après. On trace alors deux rangs dans une planche de 1 mètre 33 centimètres de large, et l'on plante à 5o centimètres de distance sur la ligne. Chaque année, à l'automne, on enlève les feuilles mortes, on donne un binage, puis on étend sur les planches un bon lit de fumier à moitié consommé. On pourrait commencer dès la seconde pousse à couper les feuilles des Crambés ; mais il est préférable d'attendre la troisième, car alors ils seront dans toute leur végétation et on les conservera beaucoup plus longtemps. On commence ordinairement à butter les Crambés vers la fin de janvier ou au commencement de février ; mais, afin que tous ne donnent pas ensemble, on en butte d'abord une partie, et le reste quinze jours après, ce qu'on opère de la manière suivante. On dépose sur chaque pied un tas de terreau (ou de terre légère) d'environ 16 centimètres, et l'on recouvre le tout d'un bon lit de fumier ou de feuilles, afin d'activer la végétation. Un mois après environ, c'est-à-dire lorsque l'extrémité des feuilles commence à paraître, on les coupe au niveau du sol, mais en ayant soin de ménager les yeux qui se trouvent au collet de la plante, car sans cette précaution elles ne repousseraient plus. Après la récolte on butte de nouveau, et les Crambés donnent une seconde récolte, souvent aussi abondante que la première. Après la seconde coupe on détruit les buttes, on étend une partie du terreau sur les planches et l'on enlève le reste.

On peut aussi forcer le Crambé sous panneaux comme les Asperges. En décembre ou janvier on place des coffres de manière à encadrer les planches qui les contiennent, et, après avoir butté ses plantes, on les couvre de panneaux qui, au lieu de vitraux, sont à cadres pleins, afin d'intercepter la lumière; puis on entoure les coffres d'un réchaud de fumier qu'on remanie de temps à autre. On couvre la nuit avec des paillassons ou de la litière. Pour les autres soins on observe tout ce qui a été précédemment indiqué.

Graines. — On récolte la graine de Crambé en août, sur des pieds n'ayant pas moins de quatre à cinq années de plantation; elle se conserve bonne pendant trois ans.

CIBOULE COMMUNE (Allium fistulosum).

Plante herbacée, vivace, originaire de Sibérie; on l'emploie comme assaisonnement en fourniture de salade. D'après Donn, cette plante a été introduite dans la culture en 1629. Les premiers semis ont lieu dans le courant de février, en place ou à la volée ; il faut environ 250 grammes de graine par planche. Après le semis on passe le râteau, puis on recouvre les graines d'une légère couche de terreau.

A partir de cette époque on peut continuer de semer successivement jusqu'en juillet.

Quelques maraîchers plantent de la Romaine dans leur planche de Ciboule ; d'autres sèment un peu de Radis, et, comme ces derniers sont récoltés peu de temps après le semis, ils ne peuvent nuire en rien au développement de la Ciboule.

Vers la fin de novembre ou au commencement de décembre il faut arracher tout ce qui reste de Ciboule dans la planche ; on la met en jauge, puis on la couvre de litière pendant les gelées, afin de ne pas en manquer pendant l'hiver.

Graines. — Pour récolter de la graine de Ciboule on en sème en juillet pour repiquer en septembre. En août on coupe les ombelles, on les réunit en bottillons qu'on laisse sécher au soleil et que l'on suspend ensuite dans un lieu sec et bien aéré. La graine se conserve pendant deux ans (dans ses capsules elle est bonne pendant trois ans).

CIBOULETTE CIVETTE (Allium Schœnoprasum).

Plante vivace, originaire de la partie méridionale de la France, qu'on emploie pour les fournitures de salade.

On la multiplie de caïeux que l'on sépare en février et mars pour les planter en bordure. Elle est d'autant plus tendre et pousse d'autant mieux qu'on la coupe plus souvent.

Pour lui faire passer l'hiver on la coupe à ras du sol, puis on la couvre de terreau.

CONCOMBRE (Cucumis sativus).

Plante annuelle, originaire de l'Orient. Dans les marais de Paris on cultive le Concombre blanc hâtif, le blanc gros, le vert long et le vert petit à Cornichons. Le blanc hâtif et le vert long conviennent tout particulièrement pour la culture forcée ; les autres peuvent être cultivés en pleine terre.

Concombres sous panneaux. — On sème les premiers Concombres dans la première quinzaine de février sur couche et sous panneaux. Pendant la nuit on couvre le semis avec des paillassons.

Lorsque les graines sont levées, que les cotylédons et les premières feuilles sont bien développés, on repique le plant en pépinière sur une autre couche ; on ombre au moment du soleil, et pendant la nuit on couvre les panneaux avec des paillassons. Une quinzaine de jours après le repiquage on prépare une couche de 60 centimètres d'épaisseur, que l'on charge d'environ 20 centimètres de terreau ; lorsque la chaleur est convenble, on lève les Concombres en mottes, et l'on en plante quatre par panneau, en ayant soin de les enfoncer jusqu'aux cotylédons. On leur donne un peu d'eau, et l'on replace les panneaux. On ombre pendant deux ou trois jours au moment du soleil, afin de faciliter la reprise, et pendant la nuit on couvre les panneaux avec des paillassons. Lorsque la tige primitive a quatre ou cinq feuilles, on la pince au-dessus de la seconde, de manière à obtenir deux branches latérales sur chaque pied ; mais avant leur développement on étend un bon paillis sur toute la couche. Quand les branches latérales ont environ 33 centimètres de longueur, on les taille au-dessus de la deuxième ou troisième feuille, et, lorsque les nouvelles branches ont atteint la même dimension, on les rabat de la même manière.

Dès que l'on a de jeunes fruits noués on choisit le mieux fait, on pince la branche qui le porte à deux yeux au-dessus du fruit, et on supprime tous les autres. Quand ce premier fruit a atteint les deux tiers de sa grosseur, on en choisit un second, puis un troisième, et ainsi successivement, de manière à en laisser dix ou douze sur chaque pied. Enfin on pince toutes les branches qui s'allongent trop ; mais, pour cette opération comme pour toutes celles qui obligent d'enlever les panneaux, on choisit le moment de la journée où la température est la plus douce, afin que le froid ne saisisse pas les Concombres, qui sont extrêmement tendres. Lorsque les arrosements deviennent nécessaires on bassine avec l'arrosoir à pomme ; mais à cette époque il faut que l'eau que l'on emploie soit au même degré de température que l'atmosphère dans laquelle on la répand, afin de ne point retarder la végétation. Enfin on donne de l'air toutes les fois que la température le permet. Plantés à l'époque ci-dessus indiquée, on récolte les premiers Concombres dans la seconde quinzaine d'avril, et successivement jusqu'en juin.

En Angleterre on cultive le Concombre en espalier dans les serres à forcer.

Concombres sous cloches. — On les sème dans la première quinzaine d'avril sur couches et sous panneaux; on repique le plant en pépinière également sur couche et sous panneaux. Après le repiquage on ombre au moment du soleil; pendant la nuit on couvre les panneaux avec des paillassons, et, lorsque le plant est repris, on donne de l'air toutes les fois que la température le permet. Dans la seconde quinzaine d'avril on fait une tranchée de 65 centimètres de large et de 33 centimètres de profondeur; puis on prépare une couche de 5o centimètres d'épaisseur. On la bombe légèrement au milieu, et, avec la terre de la tranchée, on la charge d'environ 20 centimètres de terre. Après avoir étendu cette terre bien également, on place sur le milieu de la couche un rang de cloches, à 1 mètre l'une de l'autre. Lorsque la chaleur de la couche est favorable, on lève ses Concombres en mottes; puis on en plante un sous chaque cloche, en ayant soin de l'enfoncer jusqu'aux cotylédons. Aussitôt après la plantation on arrose, puis on enveloppe les cloches de litière pendant deux ou trois jours, afin de faciliter la reprise, et pendant la nuit on les couvre avec des paillassons. Dès que les Concombres commencent à végéter on donne un peu d'air, pendant le jour, en soulevant avec une crémaillère les cloches du côté opposé au vent; après quoi on étête ses Concombres et on les taille comme nous l'avons indiqué pour ceux qui sont plantés sous panneaux; seulement, comme ils poussent beaucoup plus vigoureusement, on taille plus long. On arrose au besoin, et l'on enlève les cloches lorsque la température le permet. On récolte les premiers Concombres dans la seconde quinzaine de juin, et successivement jusqu'à la fin d'août.

Concombres en pleine terre. — On les sème en mai immédiatement en place ou sur couche.

Dans la seconde quinzaine de mai on lève le plant en mottes et on le plante sur une costière, et sur un rang, à 1 mètre 33 cent. de distance sur la ligne. Après la plantation on arrose et on couvre chaque Concombre d'une cloche qu'on enveloppe de litière pendant deux ou trois jours. Lorsqu'ils sont repris on enlève les cloches, et l'on observe d'ailleurs tout ce qui a été précédemment indiqué. Ces Concombres sont bons à récolter en août et en septembre.

Dans les terrains où les Concombres ne réussissent pas en pleine terre, on fait des trous un peu larges, on les remplit de fumier qu'on charge de terre, et l'on plante un Concombre dans chaque trou.

A Bonneuil, où on cultive le Concombre blanc gros ordinaire, on le traite comme nous venons de l'indiquer; cependant quelques cultivateurs le sèment immédiatement en place, ce qui a lieu de la manière suivante. Dans le courant de mai, en d'autres termes lorsque le sol est suffisamment réchauffé par le soleil, on enlève la terre à la profondeur d'un bon fer

de bêche à la place où l'on veut semer, on la remplace par du terreau, et l'on sème trois ou quatre
graines. Lorsqu'elles sont bien levées, on fait choix
des deux plants les plus vigoureux et l'on supprime
les autres. A partir de ce moment la taille et les
autres soins sont en tout conformes à ceux que nous
avons indiqués pour les Concombres semés sur couche.

Dans les terrains naturellement humides il est
utile de donner pour soutien aux Concombres des
rames, comme on en donne habituellement aux Pois
et aux Haricots, afin que les fruits ne posent pas sur
le sol.

Concombre vert petit à Cornichons. — On le sème,
au commencement de mai, sur couche et sous panneaux. Peu de temps après on repique le plant en
pépinière, également sur couche et sous panneaux.
Dès qu'il est repris on commence à donner un peu
d'air, afin de fortifier le plant, et vers la fin de mai
ou le commencement de juin on le relève en motte
pour le mettre en pleine terre, soit seul, soit entre
d'autres plantes. Après la plantation on arrose, et
lorsqu'il commence à végéter on pince la tige primitive au-dessus de la troisième feuille. Avant le
développement des branches latérales on étend un
bon paillis; après quoi tous les soins consistent à
bien étaler les branches et à bassiner au besoin.

On commence à récolter les premiers fruits vers la
fin de juillet ou au commencement d'août; puis, arrivé à cette époque, on cueille les Cornichons tous
les deux jours; car, ordinairement, ils sont bons à
récolter une huitaine de jours après qu'ils sont noués.

Graines. — Pour récolter les graines de Concombres on laisse pourrir un fruit sur pied, puis on lave les graines et on les fait sécher à l'ombre. Elles se conservent bonnes pendant cinq ans.

CRESSON ALÉNOIS, Passe-rage cultivé (Lepidium sativum).

Plante annuelle, originaire de la Perse, introduite dans la culture en 1562. Ses pousses jeunes et tendres se mangent en salade et en fourniture.

On en cultive deux variétés : le Cresson ordinaire et celui à feuilles frisées. On le sème sur couche depuis janvier jusqu'en mars, mais seulement après d'autres cultures et sans qu'il soit nécessaire de remanier les couches. En été on le sème en pleine terre, soit dans les sentiers, soit en planche, mais toujours en rayons. Il faut environ 1 kilogramme de graine par planche.

Graines. — On récolte la graine de Cresson alénois en juin sur du plant semé en octobre. Elle se conserve pendant cinq ans.

CRESSON DE FONTAINE (Nasturtium officinale).

Plante vivace, indigène, employée en médecine comme antiscorbutique et en cuisine pour salades et fournitures. Les premières cressonnières qui aient été établies aux environs de Paris sont celles de Saint-Léonard, dans la vallée de la Nonette, entre Senlis et Chantilly. En 1811, M. Cardon, ayant jugé cette position favorable en raison de la proximité des sources abondantes et limpides qu'on rencontre dans cette localité, entreprit de cultiver le Cresson de fontaine comme on le fait en Allemagne. Le succès qu'il obtint dans ce genre de culture lui fit trouver de nombreux imitateurs. Ainsi, indépendamment des cressonnières de Saint-Léonard, on cultive maintenant le Cresson de fontaine à Saint-Denis, Saint-Gratien, Enghien, Bellefontaine, Luzarches, Sacy-le-Grand ; Neufmoulin, près Pontarmé ; Fontaine, par Mortefontaine ; Borest, Villevert, Senlis, Villemetry, Buron, Villemetry-Senlis, Saint-Firmin et Orléans.

Ces cressonnières sont toutes alimentées par des sources naturelles ou artificielles, et disposées de manière à pouvoir être submergées à volonté. Le terrain est divisé par fosses parallèles, larges chacune d'environ 3 mètres sur 40 centimètres à peu près de profondeur, séparées par des plates-bandes élevées, destinées à divers genres de culture maraîchère, tels que Artichauts, Choux, etc.

On multiplie le Cresson de graines semées au printemps, ou mieux de boutures faites en août. Avant la plantation il faut bien unir le fond des fosses, pour que l'eau ait un écoulement régulier ; s'il arrivait qu'elles ne fussent pas assez humides, on y laisserait couler un peu d'eau. Une fois le terrain bien préparé, on prend du Cresson et on le place au fond des fosses par petites pincées, à environ 12 à 15 centimètres l'une de l'autre. Au bout de peu de temps il est enraciné et couvre complétement le sol ; alors on laisse arriver 10 à 12 centimètres d'eau, quantité bien suffisante pour cette culture.

Si la plantation a été faite avec soin, si le plant a été bien choisi et bien épuré de toutes plantes étrangères, notamment des *Lentilles d'eau*, de la *Berle-Ache d'eau* et de la *Véronique Beccabonga*, la cressonnière une fois prise ne demande plus d'autres précautions que celles qui sont nécessaires pour prévenir les effets de la gelée pendant les grands hivers ou pour éviter les eaux surabondantes et bourbeuses dans les dégels et les orages. Comme les grandes chaleurs ne sont pas moins à craindre pour les cressonnières que les grands froids, on a cherché à les en garantir par des haies et des plantations ; mais l'époque de la chute des feuilles est encore plus nuisible, car celles qui tombent dans les fossés empêchent le Cresson de pousser.

La récolte du Cresson se fait au moyen d'une grande planche mise en travers sur le fossé ; on le coupe avec une serpette ; mais le mieux est d'opérer avec l'ongle, et pied par pied, afin de ne pas déchausser le plant.

Lorsque la saison est favorable, on peut, en été, couper un fossé toutes les trois semaines ; mais si la saison est froide la reproduction est lente, et il faut alors quelquefois plus de deux mois avant de pouvoir recouper le Cresson.

Après la coupe on met la fosse à sec, et on étend sur toute la surface une légère couche de fumier de vache bien consommé ; puis on refoule le Cresson dans toute l'étendue de la fosse. On se sert pour cette opération d'un instrument appelé *schuel*, composé d'une planche de 1 mètre 33 centimètres à

1 mètre 65 centimètres de longueur, et portant un long manche. Armés de cet instrument, deux ouvriers marchent sur chaque bord de la plate-bande, refoulent ensemble chaque pied de Cresson et font rentrer en terre les racines qui avaient été soulevées pendant la coupe.

Une bonne cressonnière peut durer longtemps, mais il faut la renouveler aussitôt qu'elle commence à dépérir. On arrache alors le Cresson avec toutes ses racines, on le dépose sur la plate-bande qui sépare les fossés, puis on laboure le fond; si le terrain est trop maigre, on le fume avec du fumier de vache bien consommé; après quoi on replante comme on l'avait fait dans l'origine.

Dans les hivers rigoureux il est essentiel de prévenir le refroidissement de la cressonnière; à cet effet on fait monter l'eau au-dessus du Cresson; mais, comme cette submersion le fatigue beaucoup, on doit se hâter de laisser échapper les eaux aussitôt que le temps se radoucit.

Graines. — On récolte les graines de Cresson de fontaine en août; elles sont bonnes pendant trois ou quatre ans.

ÉCHALOTE (Allium Ascalonicum).

Plante vivace, originaire de la Palestine.

On ne cultive pas d'Échalote dans les marais de Paris, mais à Aubervilliers on en plante une assez grande quantité que l'on récolte en vert.

Elle se multiplie par caïeux plantés, en février et

mars, à 8 ou 10 centimètres de distance et presque à fleur de terre, afin d'éviter l'humidité, qui lui est très-préjudiciable. On choisit pour replanter les plus minces et les plus allongés, car ce sont ceux qui produisent les plus beaux bulbes.

Pendant l'été on leur donne quelques binages, puis on les récolte en juillet; mais on ne fait la récolte des pieds qu'on veut conserver pour planter que lorsque les feuilles sont sèches; alors on les arrache et on les laisse deux ou trois jours exposés au soleil, puis on les rentre dans un lieu sec.

ÉPINARD (Spinacia oleracea).

Plante annuelle, originaire de l'Asie, introduite dans la culture, en 1568, par les Arabes d'Espagne.

On en cultive deux variétés, l'une à graines épineuses, connue sous le nom d'Épinard commun; l'autre à graines lisses, connue sous le nom d'Épinard de Hollande. Chacune de ces variétés a une sous-variété à feuilles plus larges; mais elles ne sont pas cultivées dans les marais, bien que depuis fort longtemps dans le commerce.

L'Épinard commun est peu cultivé maintenant; on donne la préférence à celui de Hollande, qui a les feuilles beaucoup plus larges; cependant quelques maraîchers prétendent que l'Épinard commun résiste beaucoup mieux aux chaleurs de l'été, qui font souvent blanchir les feuilles de l'Épinard de Hollande.

On sème les premiers Épinards en octobre, et on

les récolte au printemps. Quelques maraîchers sèment des Épinards en décembre à travers les Carottes cultivées sur couche, et, lorsqu'ils sont bons à récolter, on les arrache avec précaution. En février ou mars on commence à semer, et l'on continue successivement jusqu'en octobre. Dans la seconde quinzaine d'août on sème pour récolter en automne, et dans la première quinzaine de septembre pour récolter en janvier. Les semis ont lieu à la volée. Il faut à peu près 250 grammes de graine par planche. Après le semis on bassine au besoin, et, lorsque les Épinards sont bons à récolter, on les coupe à quelques centimètres au-dessus de terre; puis aussitôt après on les arrose, si le temps est sec, afin de favoriser le développement des nouvelles feuilles. Lorsque celles-ci sont assez grandes on les cueille, mais cette fois une à une, en ayant soin de ménager les petites feuilles intérieures, de manière à se réserver les récoltes à venir. Pendant l'été les Épinards sont ordinairement bons à couper un mois après le semis; mais, comme, pendant les chaleurs, ils montent en graines presque aussitôt après la première cueillette, on les arrache et l'on prépare le terrain de manière à y mettre d'autres légumes.

Graines. — On récolte la graine d'Épinard en août sur du plant semé en septembre. Elle se conserve bonne pendant cinq ans.

ESTRAGON (Artemesia Dracunculus).

Plante herbacée, originaire de l'Asie septentrionale (de Tartarie suivant quelques auteurs, et de Sibérie suivant d'autres), et introduite dans la culture en 1596.

On multiplie l'Estragon par éclats de pieds, qu'on replante, dans la seconde quinzaine de juillet ou dans la première quinzaine d'août, à 30 centimètres de distance l'un de l'autre. Pour le conserver on coupe les tiges à l'entrée de l'hiver, et l'on couvre les touffes de quelques centimètres de terreau.

Pour ne pas manquer d'Estragon pendant l'hiver on en plante en décembre sous panneaux des touffes en mottes; puis on place des coffres à une bonne exposition, et on enlève des sentiers qui entourent les coffres de la terre qui sert à charger le terrain. On remplace cette terre par un réchaud de fumier, qu'on remanie au besoin. Cela fait, on repique ses touffes d'Estragon aussi près que possible les unes des autres; après la plantation on étend un lit de terreau sur le tout, puis on pose les panneaux. On couvre pendant la nuit avec des paillassons, et l'on donne de l'air toutes les fois que la température le permet.

On peut aussi, ce qui est beaucoup plus simple, placer des coffres et des panneaux sur des planches d'Estragon disposées à cet effet, et, comme il est dit plus haut, on force l'Estragon au moyen d'un réchaud qu'on établit autour de ces coffres.

FÈVE (Faba vulgaris).

Plante annuelle, originaire de la Perse.

On sème les premières Fèves en janvier, sous panneaux ; en février on les repique, sur une costière exposée au midi, en rayons un peu profonds, qu'on trace à 35 centimètres les uns des autres. On les couvre de litière pendant les mauvais temps, et, lorsqu'elles ont quelques centimètres de hauteur, on donne un binage ; puis on achève de remplir les rayons, ce qui augmente la vigueur des plantes et leurs produits. Lorsqu'elles sont défleuries on pince toutes les extrémités, afin de forcer la séve à se porter vers le fruit. Pour les semis de janvier on prend de préférence la Fève naine hâtive, qui, traitée comme nous venons de l'indiquer, peut être récoltée (pour la manger en vert) dès le mois de mai, car alors on les cueille lorsqu'elles ont atteint à peu près le quart de leur grosseur. On peut aussi cultiver les Fèves sous panneaux, mais elles produisent peu et sont presque toujours attaquées par un puceron dont il est difficile de les débarrasser.

Dans les environs de Paris, et particulièrement à Fontenay-aux-Roses, on cultive les Fèves de marais et les Fèves juliennes ; on les sème en février et mars par touffes ou en rayons, et à partir de cette époque les semis peuvent être continués successivement jusqu'à la fin de mai. D'ailleurs, quelle que soit l'époque des semis, les soins consistent à donner quelques binages et à pincer l'extrémité des tiges comme nous l'avons précédemment indiqué.

Graines. — Pour récolter de bonnes semences on réserve une partie de la première saison de Fèves, c'est-à-dire de celles qui ont été semées en février ou mars ; ce n'est qu'après qu'elles sont complétement sèches qu'on les arrache. Elles se conservent bonnes pendant cinq ou six ans.

FRAISIER (Fragaria vesca).

Plante herbacée, vivace, indigène. Les variétés cultivées soit à Paris, soit dans les communes environnantes, telles que Belleville, Romainville, Bagnolet, Montreuil et Fontenay-aux-Roses, sont les Fraisiers des Quatre-Saisons, Ananas, Capron royal, Keen's Seedling, Princesse royale et Elton.

On multiplie les Fraisiers de graines, ou de filets qui ne doivent être pris que sur du plant d'un an, car ceux qui proviennent de vieilles touffes produisent beaucoup moins et donnent des fruits moins beaux et de moins bonne qualité. On sème en mars à une exposition ombragée ; on couvre les graines d'une légère couche de terre fine mêlée de terreau, et l'on entretient la fraîcheur de la terre par des bassinages.

Dès que les plants ont quatre ou cinq feuilles on les repique en pépinière deux par deux, sur une vieille couche. Aussitôt après le repiquage on bassine avec l'arrosoir à pomme, ce que l'on continue de faire suivant le besoin, et pendant quelques jours on garantit le jeune plant contre l'action du soleil avec un peu de litière, qu'on étend bien légèrement.

Dans le commencement de juillet on relève les plants en motte pour les planter en pleine terre à environ 15 centimètres l'un de l'autre, et, comme après le premier repiquage, on en protége la reprise par de fréquents arrosements. Le but de ces repiquages est de favoriser le développement d'une grande quantité de jeunes racines, et plus les Fraisiers en sont pourvus, plus ils deviennent productifs. A partir de cette époque, et jusqu'au moment de le mettre en place, on a soin de supprimer toutes les fleurs et tous les filets qui se développent sur le jeune plant, ainsi que d'arracher les pieds qui paraissent dégénérer et qu'il est facile de reconnaître à leur vigueur et à l'absence de fleurs.

Vers la fin de septembre on donne un bon labour aux planches dans lesquelles on doit planter définitivement ses Fraisiers.

Si le terrain ne se trouvait pas être de bonne qualité, il faudrait, pour l'améliorer, n'employer que des engrais bien consommés; car, lorsque les racines de Fraisier atteignent un fumier non consommé, les feuilles se dessèchent successivement et souvent les touffes périssent.

Après avoir bien préparé le terrain on trace cinq rangs par planche de 1 mètre 33 centimètres de large; puis on plante ses Fraisiers à 35 centimètres de distance sur la ligne. Ceci toutefois ne doit avoir lieu que pour les Fraisiers des Quatre-Saisons; pour ceux à gros fruits on ne trace que quatre rangs, et l'on plante à 50 centimètres de distance sur la ligne. Après la plantation on continue de retrancher les fleurs et les filets de chaque touffe jusqu'à ce qu'elles soient enracinées, afin de concentrer sur chaque pied la force de production dont il est doué.

Au printemps on donne un binage à chaque planche de Fraisiers, et, dès que les fleurs commencent à paraître, on couvre la terre d'un paillis un peu long, ce qui, d'une part, a l'avantage de conserver l'humidité du sol, et, de l'autre, empêche les fruits de porter sur la terre. Les arrosements doivent être faits, avec l'arrosoir à pomme, au printemps le matin, et le soir en été. L'année suivante on continue les mêmes soins; mais, comme au bout de peu de temps les produits dégénèrent, il ne faut pas conserver une planche de Fraisiers plus de deux ans; car, bien qu'ils produisent beaucoup plus longtemps, on remarque, passé cette époque, une diminution très-sensible dans les récoltes.

Les Fraisiers qu'on multiplie de filets doivent être plantés en juillet. Du reste, comme ce que nous venons d'indiquer pour les Fraisiers provenant de graines est en tout applicable à ces derniers, nous croyons inutile de traiter ce sujet plus longuement.

Des Fraisiers forcés.

Les Fraisiers que l'on cultive ordinairement dans le but de les forcer sont : le Fraisier des Quatre-Saisons, le Fraisier Keen's Seedling, le Fraisier Princesse royale et le Fraisier Elton.

Dans le courant de janvier ou dans les premiers jours de février on pose des coffres, puis des panneaux, sur les planches de Fraisiers qu'on veut forcer ; on enlève la terre des sentiers qui entourent les coffres jusqu'à environ 45 centimètres de profondeur ; après quoi on remplit ces sentiers de fumier, mais jusqu'au ras du sol seulement ; ce n'est que dans la première quinzaine de février qu'on achève de les remplir. A partir de cette époque il faut avoir soin de maintenir les réchauds à la hauteur des panneaux ; pour cela on rapporte du fumier au fur et à mesure qu'il en est besoin. On couvre les panneaux pendant la nuit avec des paillassons ; on donne de l'air au moment où paraît le soleil. Vers la fin d'avril on commence à donner quelques bassinages si la température l'exige, ce que l'on continue de faire au besoin. Les Fraisiers étant ainsi traités, les fruits commenceront à mûrir dans le courant d'avril.

Après la récolte on enlève les panneaux (qui peuvent encore servir pour les Melons), ce qui n'empêchera pas les Fraisiers de fructifier jusqu'aux gelées, ceux des Alpes surtout. Néanmoins on peut également obtenir une seconde récolte des Fraisiers Keen's Seedling, Princesse royale et Elton ; pour cela il faut les priver d'eau pendant quelque temps, afin d'arrêter la végétation ; lorsqu'ils sont presque fanés, on supprime une bonne partie des feuilles, on les bine légèrement, puis on favorise leur végétation par de copieux arrosements. Dans les premiers jours d'août on aura par ce moyen une seconde fructification tout aussi abondante que la première.

Depuis l'adoption du chauffage au thermosiphon on a modifié la culture forcée des Fraisiers. Dans beaucoup d'établissements elle a lieu de la manière suivante.

Après avoir traité les Fraisiers comme nous l'avons indiqué, on les relève en motte, vers la fin de septembre ou au commencement d'octobre, pour les planter dans des pots de 15 cent. de diamètre. On emploie pour l'empotage une bonne terre douce passée à la claie, et aussitôt après la plantation on place les pots à côté les uns des autres dans un coffre, de manière à pouvoir les garantir des grandes pluies et des gelées en posant dessus des châssis ou des paillassons ; puis on les arrose pour en faciliter la reprise, et, comme pour ceux cultivés en pleine terre, on supprime les filets et les fleurs au fur et à mesure qu'ils paraissent. Dans le courant de janvier on prépare des coffres pour recevoir les Fraisiers, c'est-à-dire qu'on dispose, pour un coffre de 1 mètre 33 cent. de largeur, un gradin composé de quatre tablettes, sous lequel on fait circuler les tuyaux du thermosiphon.

Après avoir tout préparé on bine la terre des pots, on enlève les feuilles mortes, on pose les pots sur les tablettes les uns à côté des autres, puis on place des panneaux que l'on couvre de paillassons pendant la nuit. Arrivé à ce point on commence à les chauffer, ce qu'il ne faut faire que modérément et de manière à entretenir sous les panneaux une température de 12 à 15 degrés ; de plus, comme nous l'avons indiqué pour les Fraisiers forcés en pleine terre, on bassine et l'on donne de l'air toutes les fois que la température est favorable. On peut par ce moyen avoir des fruits bons à récolter dès les premiers jours de mars.

On peut aussi forcer les Fraisiers en pot sur des tablettes, dans la serre aux Ananas et dans les serres à Vignes.

Comme ceux forcés en pleine terre, les Fraisiers forcés en pot sont susceptibles de produire une seconde récolte ; il suffit de les dépoter, de les mettre en pleine terre et de leur donner les soins précédemment indiqués.

Graines. — On choisit les plus belles Fraises, et, lorqu'elles ont atteint une parfaite maturité, on les écrase et on les lave dans plusieurs eaux ; puis on recueille les graines qui se trouvent au fond, et on les fait sécher. Elles ne sont bonnes que pendant un an.

HARICOT (Phaseolus vulgaris).

Plante herbacée, annuelle, originaire de l'Inde, et introduite dans la culture en 1579.

Dans les marais de Paris les Haricots ne sont cultivés qu'à l'état de primeurs ; car, à l'époque où ils donnent en pleine terre, les cultivateurs des environs de Paris en apportent une quantité si considérable que cette culture ne présenterait aucun avantage aux maraîchers.

La seule variété cultivée comme primeur est le Haricot nain de Hollande. Vers le 15 janvier on le sème sur couche et sous panneaux, et, aussitôt après le développement des cotylédons, on le repique en pépinière, toujours sur couche et sous panneaux.

Bien que ce repiquage ne soit pas pratiqué par tous les maraîchers, nous conseillons néanmoins de ne pas le négliger, car les Haricots qui ont été repiqués viennent moins haut et produisent davantage. Dans la seconde quinzaine de janvier on prépare une couche d'environ 5o centimètres d'épaisseur, dont la chaleur soit de 20 à 25 degrés; on pose les coffre dessus, puis on la charge de 12 à 15 centimètres de terre légère; après quoi on relève le plant pour le planter sur la couche de la manière suivante.

On trace quatre rangs par coffre, le premier à 4o centimètres du haut du coffre et les autres à une distance égale entre eux, et l'on plante les Haricots à 15 centimètres de distance sur la ligne, de manière qu'il s'en trouve deux par rang de vitres. Pendant la nuit on couvre les panneaux avec des paillassons; on donne de l'air toutes les fois que la température le permet, surtout à l'époque de la floraison. Il faut aussi, à cette époque, si la température est sèche, bassiner légèrement, afin d'empêcher les fleurs de couler; puis on remanie les réchauds de temps à autre afin d'entretenir dans la couche la chaleur nécessaire. On visite souvent les Haricots, on supprime toutes les grandes feuilles, et l'on a soin d'enlever tout ce qui pourrait donner de l'humidité, chose la plus redoutable à ce genre de culture. Lorsqu'ils ont environ 25 centimètres de hauteur on les incline vers le haut du coffre, et on les maintient dans cette position au moyen de petites

tringles de bois qu'on pose sur les tiges. Pour faciliter cette opération, ces tringles ne doivent pas excé-
der 1 mètre 33 cent. de longueur, c'est-à-dire la largeur d'un panneau. Peu de jours après, l'extrémité
des tiges se relève (on peut alors enlever les tringles), mais la partie inférieure reste couchée sur le
sol. Indépendamment de ce que nous venons d'indiquer, il faut encore exhausser les coffres toutes les
fois que le besoin l'exige et recharger chaque fois
les sentiers, afin de concentrer la chaleur sous les
panneaux. On commence ordinairement à cueillir
les premiers Haricots ainsi traités dans la seconde
quinzaine de mars, c'est-à-dire environ six semaines
après le semis.

Après avoir cueilli des Haricots pendant quelque
temps on peut laisser grossir les autres pour les récolter en grains; c'est ainsi que quelques maraîchers
récoltent des Haricots en grains dès la seconde
quinzaine d'avril; pour cela il suffit de remanier les
réchauds afin de ranimer la chaleur de la couche,
de ne pas donner d'air et d'arroser abondamment.

On peut faire avec avantage l'application du chauffage par le thermosiphon à la culture des Haricots
sous panneaux; alors on peut semer dès la fin de
novembre; mais, comme à cette époque il y a souvent absence complète de soleil, ce qui est très-
défavorable à ce genre de culture, il est préférable
de ne commencer cette opération que dans la seconde
quinzaine de décembre, lorsque le plant est bon à
repiquer. On prépare une couche très-mince, dans le
seul but de garantir les Haricots de l'humidité du

sol; puis on fait circuler les tuyaux de l'appareil au-dessus de la couche; on entretient une chaleur de 15 à 20 degrés sous les panneaux, et, comme l'on peut régler ce chauffage à volonté, on les enlève tous les jours sans avoir égard à l'état de la température, et l'on donne de l'air aussi souvent qu'il est nécessaire, ce qui contribue puissamment au succès de l'opération. Aussi, avec ce mode de culture, on commence à cueillir les premiers Haricots dans la première quinzaine de février.

On cultive les Haricots sur couche, comme nous l'avons indiqué, jusqu'à la fin de mars.

En avril on sème encore sur couche, mais on repique en pleine terre et sous cloche. On repique trois Haricots sous chaque cloche; au bout de quelques jours on commence à donner de l'air, puis on enlève les cloches lorsque les gelées ne sont plus à craindre et que la température est favorable. Il va sans dire qu'on peut indifféremment employer des cloches ou des panneaux (1).

Semis de pleine terre — On cultive des Haricots dans presque toutes les communes qui environnent Paris, mais particulièrement à Croissy, à Montreuil et à Fontenay-aux-Roses; les variétés le plus généralement cultivées sont : le Haricot hâtif de Laon, ou *flageolet;* celui de *Soissons,* nain au gros pied; le Haricot *suisse,* gris, dit Bagnolet.

---

(1) C'est souvent à tort que l'on détruit les Haricots aussitôt après qu'on en a récolté les premiers produits; car, en les nettoyant avec soin, opération qui se borne à enlever les feuilles mortes et les fruits que l'on a trouvés trop petits pour être cueillis, on obtient au bout de quelque temps une seconde récolte aussi abondante que la première.

On les sème en mai ; en terre légère le semis s'opère dans la première quinzaine du mois, mais en terre forte dans la seconde seulement, par touffes, ou mieux en rayons, car par ce moyen on obtient une végétation beaucoup plus vigoureuse, et par conséquent des produits plus abondants. On trace des rayons d'environ 5 centimètres de profondeur, à 40 centimètres de distance les uns des autres ; après quoi on sème ses Haricots un à un à 16 ou 20 centimètres sur la ligne ; puis on les couvre d'environ 2 centimètres de terre.

Pour semer par touffe on fait des trous de 5 à 6 centimètres de profondeur, disposés en échiquier, à 40 centimètres les uns des autres ; on dépose cinq ou six Haricots dans chacun, puis on les recouvre de la même quantité de terre que ceux semés en rayons. Quelque temps après on donne un binage pour faciliter la levée des graines ; mais ce n'est que lorsque les Haricots sont bien levés qu'on finit de remplir les trous ou les rayons. A partir de l'époque ci-dessus désignée on peut semer en pleine terre jusqu'à la mi-août les Haricots destinés à être mangés verts, mais quand on veut récolter des Haricots secs il ne faut pas semer après le 15 juin.

Les Haricots à rames, connus sous les noms de Haricot de Soissons, Haricot-Sabre, Haricot de Prague, Haricot-Beurre, Haricot-Prédomme, doivent être semés en mai comme les Haricots nains.

Graines. — Pour avoir des semences bien franches on réserve une partie des produits de la première saison, semée en mai, qu'on laisse mûrir sur pied ; après quoi on les arrache, et on les réunit par bottes qu'on suspend dans un lieu sec. Dans la cosse ils se conservent environ quatre ans ; écossés, ils ne se conservent pas plus de deux ans.

IGNAME DE LA CHINE (Dioscorea Batatas).

Ce tubercule, dont l'introduction en France date de 1848, a résisté à l'épreuve du temps sous laquelle ont succombé un grand nombre de plantes nouvelles. Il justifie de plus en plus les espérances fondées sur les services qu'il rend dans son pays natal, et l'on peut dire maintenant qu'il est digne à tous égards de figurer au premier rang sur la liste de nos plantes potagères.

La saveur des racines tuberculeuses de l'Igname de la Chine diffère peu de celle de la Pomme de terre ; elles sont aussi riches en fécules, et peuvent, comme celle-ci, recevoir toutes sortes d'assaisonnements.

On multiplie l'Igname de la Chine en plantant, en mars ou avril, sans plus de soins que n'en exige la culture bien comprise de la Pomme de terre, soit les bulbilles qui naissent dans les aisselles des feuilles, soit les jeunes racines que produisent les bulbilles, soit enfin le collet des racines destinées à la consommation. On avait recommandé, comme moyen économique de multiplication, la plantation de tronçons de racines ; mais l'expérience a démontré que ces tronçons ne se développent que tardivement. Si donc l'on se trouvait dans la nécessité de recourir à ce moyen de propagation, il faudrait diviser de préférence le collet des racines. On plante les Ignames de la Chine en ligne, à 20 ou 25 centimètres de distance en tous sens les unes des autres. Dans les terrains siliceux, qui conviennent mieux que tous les autres à la culture de cette plante, la récolte des Ignames de la Chine peut être faite l'année même de la plantation. Les frais d'arrachage ne dépassent pas sensiblement alors ce que coûte ordinairement la récolte des Carottes longues, par exemple. Néanmoins, pour obtenir de cette plante tout ce qu'elle peut produire, il faut laisser les racines en terre pendant deux ans. D'après ce que nous avons été à même de constater dans nos propres cultures, le rendement en racines de l'Igname de la Chine dépasse toujours de beaucoup, la seconde année, ce que la même étendue de terrain aurait pu produire de Pommes de terre. Il en résulte que, malgré les deux années de culture et les frais d'arrachage, cette opération offre encore des avantages certains.

Bien que les tiges de l'Igname de la Chine soient grimpantes, elles n'ont pas besoin d'être ramées; on peut les laisser ramper sur le sol. S'il arrivait même qu'elles prissent un trop grand développement pendant la seconde année, on pourrait, sans inconvénient, en donner une partie aux bestiaux, qui les mangent avec plaisir comme fourrage frais. L'Igname de la Chine est peu sensible au froid; sous le climat de Paris elle passe très-bien en pleine terre les hivers ordinaires. Cependant, comme on ne peut jamais prévoir si l'hiver sera plus ou moins rigoureux, il est prudent d'arracher les Ignames de la Chine dès que les tiges sont complétement sèches, ce qui nécessite quelques précautions en raison de la longueur des racines, qui se cassent très-facilement. Placée dans les mêmes conditions que la Pomme de terre, l'Igname de la Chine peut se conserver facilement cinq et six mois hors de terre.

LAITUE (Lactuca sativa).

Plante herbacée, annuelle, originaire de l'Inde. Les premières graines de Laitues semées en France furent envoyées de Rome à Paris, au cardinal d'Estrées, par Rabelais, vers 1540.

On en cultive deux races principales : les Laitues pommées et les Laitues romaines. On les divise en Laitues pommées de printemps, d'été, d'hiver, et à couper.

Laitue de printemps. — Les variétés de Laitues cultivées *à cette époque dans les marais de Paris* sont : la Crèpe ou petite noire, la Gotte et la George.

Laitue petite noire. — On sème les premières Laitues *petite noire* dans les premiers jours de septembre. Après avoir labouré un bout de planche on le herse, on passe le râteau, puis on étend sur le tout une couche de terreau d'environ 3 centimètres d'épaisseur, et on le foule légèrement. Le terrain ainsi préparé, on marque la place de chaque cloche ; pour cela on pose une cloche sur le terreau, on appuie légèrement sur son sommet, afin d'en laisser l'em-

preinte sur le sol, puis on la relève pour la poser à
côté, et ainsi de suite. On sème la Laitue sous chaque
cloche, et après le semis on recouvre les graines avec
un peu de terreau fin; ensuite on place les cloches,
en ayant soin que leurs bords entrent de quelques
millimètres dans le sol, pour prévenir l'évaporation.
Au moment où brille le soleil on ombre avec de la
grande litière, mais on ne donne pas d'air. Lorsque
le plant est bon à repiquer, c'est-à-dire lorsque les
cotylédons sont bien développés et que les premières feuilles commencent à paraître, on prépare
un ados, on le charge d'environ 3 centimètres de
terreau, et l'on y place trois rangs de cloches.

On aligne le premier rang au cordeau, et on place
les deux autres en échiquier; ensuite on lève le plant
avec précaution, de manière à ne pas rompre les racines, puis on repique une trentaine de Laitues sous
chaque cloche. On opère le repiquage avec le doigt
comme on le ferait avec un plantoir. Aussitôt après la
plantation on remet les cloches, et on élève ses Laitues sans jamais leur donner d'air.

Dans la première quinzaine d'octobre on fait une
première plantation de Laitue petite noire sous
cloche ou sous panneau; c'est même un moyen d'u-
tiliser les couches dont les récoltes sont terminées.
Comme ces Laitues n'ont pas besoin de chaleur, il
suffit, avant de les planter, de retourner le terreau
des couches.

Sous cloche. Après avoir disposé ses cloches sur
trois rangs, on lève du plant en motte; puis on plante
quatre Laitues petite noire sous chaque cloche.

Sous panneau. Avant la plantation les coffres doivent être disposés de manière que les Laitues se trouvent aussi près du verre que possible.

Quand il ne reste plus qu'à placer les panneaux, on plante sept rangs de Laitue petite noire par coffre. S'il survient des gelées après la plantation, on couvre les panneaux pendant la nuit avec des paillassons, comme nous l'avons précédemment indiqué. Il faut éviter avec le plus grand soin de donner de l'air aux Laitues petite noire cultivées soit sous cloche, soit sous panneau.

La première saison de Laitues petite noire, c'est-à-dire de celles plantées en octobre, est bonne à récolter vers la fin de novembre ou au commencement de décembre.

Dans la première quinzaine d'octobre on sème, sous cloche et sur ados, une seconde saison de Laitue petite noire.

Dans la seconde quinzaine du mois on prépare un nouvel ados, et dans les premiers jours de novembre, lorsque le plant est assez fort, on le repique, comme nous l'avons précédemment indiqué.

Lorsqu'il survient des gelées, on élève un accot de fumier derrière l'ados; on garnit les cloches de fumier bien sec, dont on augmente la quantité en raison de l'intensité du froid, et on recouvre le tout avec des paillassons.

On découvre au moment du soleil; mais il fau d'abord s'assurer si le plant n'a pas souffert de la gelée, car il faudrait alors, au lieu de découvrir, augmenter la couverture, et le laisser dégeler graduellement.

Ce plant, convenablement soigné, sert à faire toutes les plantations qui ont lieu depuis la fin de novembre jusqu'en janvier et février.

Dans la seconde quinzaine de novembre on prépare une couche d'environ 40 centimètres d'épaisseur, dont la chaleur soit de 12 à 15 degrés; on la charge de terreau, on place les coffres, et, après avoir étendu le terreau bien également, on plante dans chaque coffre sept rangs de Laitue petite noire. Après la plantation on visite souvent les Laitues et on enlève avec soin toutes les feuilles tachées d'humidité; assez ordinairement, lorsqu'elles commencent à former leur pomme, on supprime les deux ou trois premières feuilles inférieures, opération qui n'a lieu que pour les Laitues plantées à cette époque. Pendant les gelées on couvre la nuit les panneaux avec des paillassons; si la gelée augmente, on entoure les coffres d'un réchaud de fumier et on remplit les sentiers de fumier sec, qu'on élève jusqu'à la hauteur des panneaux, puis on met doubles paillassons; mais on découvre toutes les fois que la température le permet. Ces Laitues sont bonnes à récolter dans le courant de janvier.

En janvier et février, selon la température, on plante les dernières Laitues petite noire; pour cela on prépare une couche de 33 centimètres d'épaisseur, dont la longueur et la largeur doivent toujours être proportionnées au nombre de cloches dont on dispose; on charge sa couche de 10 centimètres de terreau, après quoi on place ses cloches sur trois rangs. Si la couche comporte six rangs de cloches, on ménage un sentier au milieu; puis on plante quatre Laitues petite noire sous chaque cloche et une Romaine au milieu. Pendant la nuit on couvre les cloches avec des paillassons. Ces Laitues sont bonnes à récolter en février et mars.

Laitue gotte. — On en cultive deux variétés : l'une à graine blanche, l'autre à graine noire. On sème la Laitue gotte dans la seconde quinzaine d'octobre, sous cloche et sur ados; on la repique dans la première quinzaine de novembre, également sous cloche et sur ados, et, lorsque le plant commence à végéter, on donne un peu d'air en soulevant les cloches d'environ 3 centimètres du côté opposé au vent. Au bout de quelques jours on augmente progressivement l'accès de l'air selon l'état de la température, afin de fortifier le plant; il ne faut d'ailleurs rabattre les cloches que lorsqu'il gèle à 2 ou 3 degrés.

Lorsque la gelée augmente, on élève un accot de fumier derrière l'ados; on garnit les cloches de fumier bien sec dont l'épaisseur doit croître en raison de l'intensité du froid, et l'on couvre le tout avec des paillassons ; enfin l'on observe tout ce que nous avons indiqué pour les Laitues petite noire. Vers la fin de janvier ou au commencement de février on plante la Laitue gotte sous cloche ou sous panneaux.

Sous cloche. — On prépare des couches de 33 centimètres d'épaisseur sur 1 mètre 33 centimètres de largeur, et on charge ces couches de 10 centimètres de terreau. On place sur chacune trois rangs de cloches, et l'on plante sous chaque cloche trois Laitues. Pendant la nuit on couvre les cloches avec des paillassons, et l'on donne de l'air toutes les fois que la température le permet.

Sous panneau, on plante la Laitue gotte après la récolte des Laitues petite noire, et sans qu'il soit nécessaire de remanier les couches ; seulement on retourne le terreau. Cela fait on dispose dans chaque coffre six rangs composés chacun de quinze Laitues. On opère comme nous l'avons indiqué pour celles plantées sous cloche.

Pendant la nuit on couvre les panneaux avec des paillassons, et l'on donne de l'air toutes les fois que la température le permet.

Ces Laitues, plantées vers la fin de janvier, sont bonnes à récolter à la fin de mars ; celles qui ont été plantées en février se récoltent au commencement d'avril.

Laitue Georges (sous-variété de la précédente, mais plus grosse). — On la sème, dans la première quinzaine de novembre, sous cloche et sur ados ; puis on traite le plant exactement comme celui de Laitue gotte.

On plante les premières Laitues Georges en février sur couche et sous cloche, après une saison de Laitue petite noire, et, comme nous l'avons indiqué pour la Laitue gotte, pendant la nuit et par le mauvais temps on couvre les cloches avec des paillassons, puis on donne de l'air toutes les fois que la température le permet. Ordinairement on récolte ces Laitues vers la fin de mars.

On peut aussi planter cette Laitue en pleine terre

en mars, à bonne exposition. Quelque temps avant la plantation on donne beaucoup d'air au plant qu'on destine au repiquage ; puis, lorsque le temps est favorable, on enlève les cloches pendant le jour afin de fortifier le plant ; ensuite, dans le courant de mars, on plante ses Laitues dans une costière à bonne exposition, et on les récolte dans le courant de mai.

Laitues d'été. — Les espèces cultivées à cette époque dans les marais de Paris sont la Laitue palatine ou Laitue rouge, et la grosse brune paresseuse, connue des maraîchers sous le nom de *grise.*

Laitue palatine ou Laitue rouge. — On sème cette Laitue, dans la seconde quinzaine d'octobre sous cloche et sur ados et on observe tout ce qui est indiqué plus haut à l'égard des Laitues gottes et Georges. On donne autant d'air que possible, et, dès que le temps est favorable, on enlève les cloches pendant le jour, afin de fortifier le plant. Dans le courant de mars on plante les premières Laitues rouges dans une costière à bonne exposition ; vers la fin de ce mois ou au commencement d'avril on plante en plein marais. Pour cela, après avoir labouré et hersé le terrain à la fourche, on étend un bon lit de terreau, et on trace avec les pieds dix ou onze rangs par planche ; puis on plante les Laitues à 35 centimètres de distance sur la ligne. Aussitôt après la plantation on arrose si le temps est doux, ce que l'on continue de faire au besoin.

Ces Laitues sont bonnes à récolter vers la fin de mai.

Laitue grise. — C'est la Laitue grosse brune paresseuse que les maraîchers cultivent sous le nom de Laitue grise. Vers la fin de février ou le commencement de mars on fait une première saison de Laitue grise en la semant sur couche et sous panneaux.

A cette époque la culture des Laitues n'exige plus les mêmes soins qu'en automne, et, au lieu de repiquer le plant en pépinière, on peut le repiquer immédiatement en pleine terre et en place, ce qui simplifie considérablement l'opération. Avant de planter on étend un bon paillis sur le terrain; puis l'on trace neuf ou dix rangs par planche; après quoi on repique à environ 4o centimètres de distance sur la ligne. Pendant les chaleurs on donne de fréquents arrosements, afin d'avoir toujours des Laitues bien tendres. A partir de l'époque ci-dessus indiquée on peut successivement semer des Laitues grises jusqu'en juillet; mais en été ces semis ont lieu en pleine terre, à une exposition ombragée.

Laitue d'hiver. — La Laitue de la Passion est la seule Laitue d'hiver cultivée aux environs de Paris. On la sème du 15 août au 15 septembre, selon la nature du sol dont on dispose, puis on repique le plant en octobre à bonne exposition. Elle passe ordinairement l'hiver sans abris; cependant il est prudent de la préserver des fortes gelées en la couvrant de paille longue qu'on enlève et qu'on remet selon le besoin. Cette Laitue est ordinairement bonne à récolter vers la semaine sainte, ce qui justifie le nom de Laitue de la Passion qu'on lui a donné.

Laitue à couper. — Cette laitue est de toutes les

saisons, car on peut en avoir presque toute l'année. On la sème clair et à la volée à travers les Choux, les Radis, les Carottes ou l'Oignon, depuis le mois de mars jusqu'en novembre.

Laitue romaine. — Dans les marais de Paris on en cultive trois variétés : la verte, la blonde et la grise.

Romaine verte maraîchère. — On la sème à la même époque que la Laitue petite noire, c'est-à-dire dans la première quinzaine d'octobre, en pleine terre ou sur ados et sous cloche. On repique le plant également sous cloche. On place ordinairement vingt-quatre ou trente Romaines sous chacune, et l'on donne de l'air toutes les fois que le temps le permet. Comme souvent il arrive, malgré le soin qu'on prend de donner beaucoup d'air, que le plant de Romaine s'allonge trop, on le relève dans le courant de novembre pour le replanter immédiatement. On prépare à cet effet un nouvel ados sur lequel on repique immédiatement son plant de Romaines ; mais alors on n'en place plus que dix-huit ou vingt sous chaque cloche. A partir de ce moment on lui donne les mêmes soins qu'aux Laitues semées à la même époque.

Vers la fin de décembre ou au commencement de janvier on commence à planter sous panneaux ou sous cloches. Sous panneaux on dispose huit rangs par coffre ; chaque rang se compose de vingt-cinq plants, que l'on alterne, de manière qu'il se trouve successivement une Laitue et une Romaine. Sous cloches on plante une Romaine et quatre Laitues petite noire. Les Romaines ainsi traitées sont bonnes à récolter dans les premiers jours de février. Après la récolte on fait une seconde plantation sur la même couche, et vers la fin de février ou au commencement de mars, c'est-à-dire lorsqu'on n'a plus à craindre des froids rigoureux, on plante une Romaine *entre* chaque cloche.

Aussitôt que les Laitues ou les Romaines plantées sous cloches sont récoltées, on porte les cloches sur la seconde plantation de Romaines ; de cette manière elles peuvent être récoltées environ trois semaines après. A la même époque on garnit aussi les costiè-res de Romaines ; on trace de dix à douze rangs, sui-vant la largeur de la costière, et l'on plante ses Ro-maines à environ 35 centimètres de distance sur la ligne. Après la plantation on sème un peu de Radis, de Poireau ou de Carottes à travers les Romaines. Lorsque le temps est doux on arrose au besoin. Or-dinairement ces Romaines sont bonnes à récolter vers la fin d'avril ou le commencement de mai.

Romaine blonde. — On sème la Romaine blonde dans la seconde quinzaine d'octobre ; on traite le plant comme nous l'avons précédemment indiqué pour les Laitues gottes et Georges.

Dans la première quinzaine de mars on contre-plante ces Romaines dans des Choux-fleurs ou dans des planches garnies d'Oseille, de Persil, de Radis, etc. On les arrose au besoin, et lorsque le temps est fa-vorable elles peuvent être récoltées vers la fin de mai.

Bien qu'à la rigueur les Romaines maraîchères n'aient pas besoin d'être liées, on n'en a pas moins l'habitude de le faire, et cela afin que leurs têtes pomment mieux et que le cœur blanchisse plus promptement. Cette opération, qui consiste à lier chaque Romaine avec un ou deux liens de paille, ne doit avoir lieu que par un temps sec. A partir de cette époque les arrosements doivent être données le matin ou le soir, car en arrosant au soleil on s'expose à avoir des feuilles marquées de taches de pourriture.

Vers la fin de février ou le commencement de mars on fait un semis de Romaine blonde destinée à être repiquée immédiatement en pleine terre; puis on continue successivement jusqu'en juillet afin de ne jamais manquer de plant.

Romaine grise maraîchère. — On peut la cultiver exactement comme la Romaine blonde. Cependant elle convient mieux pour les semis d'été que pour ceux d'automne.

Graines. — On sème les Laitues pour graines en février sur couche et on les repique en mars immédiatement en place. Les graines, qui mûrissent dans la seconde quinzaine d'août ou dans la première quinzaine de septembre, se conservent pendant cinq ans.

MACHE ou **DOUCETTE** (Valerianella olitoria).

Plante herbacée, annuelle, indigène, qu'on mange en salade pendant l'hiver et au printemps.

La variété cultivée sous le nom de Mâche ronde ou de Hollande est indigène; celle dite Régence ou d'Italie est originaire d'Europe.

Mâche ronde. — On sème la Mâche ronde depuis le 15 août jusqu'à la fin d'octobre. Le semis se fait à la volée; il faut environ 5o grammes de graine par planche. Après le semis on herse à la fourche, on étend une légère couche de terreau, puis on arrose au besoin La Mâche semée en août est bonne à récolter en automne; celle semée en septembre se mange en hiver; mais pour cela il faut la couvrir pendant les fortes gelées avec du fumier long; enfin celle semée en octobre sera bonne au printemps.

Mâche régence. — On la sème en octobre, seule ou avec la Mâche ronde, car cette espèce est plus tardive que la précédente et lui succède. On la sème clair. Pour le surplus le semis a lieu exactement de la même manière que pour la précédente.

Graines. — On récolte les graines de Mâche en juin, sur du plant semé en octobre. Ces graines se détachant aussitôt qu'elles mûrissent, il faut, après avoir arraché les porte-graines, balayer légèrement la superficie du sol, enlever la terre qui est mêlée de graines et jeter le tout dans un baquet d'eau. On recueille les graines qui surnagent et on les fait sécher à l'ombre; elles se conservent pendant cinq ans. Comme la graine de l'année lève plus lentement, on donne généralement la préférence à celle de deux ans

MAIS CULTIVÉ (Zea Mais).

Plante annuelle, originaire de l'Amérique.

On cultive le Maïs jaune gros dans quelques-uns des marais de la vallée de Fécamp (à l'est de Paris); on en vend les jeunes épis aux vinaigriers, qui les font confire.

En mai on le sème en pleine terre, en avril sur couche, pour le repiquer ensuite à environ 60 centimètres de distance. Quand les plantes prennent de la force on les butte, et l'on retranche les bourgeons qui se développent au pied ; puis on récolte les jeunes épis dès qu'ils ont de 6 à 8 centimètres de longueur.

Sous le nom de Maïs sucré on en cultive une variété dont les grains encore verts peuvent être mangés comme les petits Pois.

Graines. — On profite d'un temps sec pour faire la récolte des graines de Maïs ; on réunit les épis en paquet après avoir mis les graines à nu ; puis on les suspend dans un lieu bien aéré. Elles se conservent bonnes pendant deux ans.

MELON (Cucumis Melo).

Plante annuelle, originaire des parties tropicales de l'Asie.

On en cultive dans nos marais deux variétés : la première est le Melon cantaloup Prescott fond blanc, *M. Cantalupo* (apporté d'Arménie en Italie vers le quinzième siècle, d'où Charles VIII le fit venir en 1405), et ses sous-variétés ; la seconde, le Melon maraîcher, *M. reticulatus* (cultivé en Europe depuis un temps immémorial).

On divise cette culture en trois catégories : la culture sous panneaux, celle sous cloches et celle en pleine terre.

Melons sous panneaux. — On ne cultive sous panneaux que le Cantaloup Prescott fond blanc et ses variétés.

Dans la culture de haute primeur on sème les premiers Melons dès les premiers jours de janvier, mais dans les cultures ordinaires on ne sème en général que dans les premiers jours de février.

On prépare une couche d'environ 75 centimètres d'épaisseur, composée de moitié fumier neuf et moitié fumier recuit. On la charge de 10 centimètres de terreau, de manière que les graines se trouvent peu éloignées du verre. On entoure le coffre d'un bon réchaud de fumier, et, lorsque la chaleur de la couche est convenable (25 à 30 degrés), on trace des rayons, puis on sème les graines, que l'on recouvre légèrement. On tient les panneaux couverts de paillassons pendant deux ou trois jours jusqu'à ce que les graines soient levées ; après quoi on découvre tous les jours, en ayant soin de recouvrir avant la nuit. Quelques jours après la levée des graines on commence à donner un peu d'air *par le haut des panneaux*, chaque fois que le temps le permet, afin de fortifier le plant. Lorsque les cotylédons sont bien développés, on prépare une autre couche de même épaisseur que la précédente, mais d'une longueur proportionnée à la quantité de plant que l'on veut repiquer, et on la charge de terreau. On place les coffres, on étend le terreau bien également, et, lorsque la chaleur de la couche est favorable, on choisit le plant le plus vigoureux, et on le repique avec le doigt comme on le ferait avec un plantoir. On trace ordinairement dix rangs par coffre, et l'on repique ses Melons à 12 centimètres de distance sur la ligne, en ayant soin de les enfoncer jusqu'aux cotylédons ; ou bien on enfonce dans la couche des pots de 8 centimètres de diamètre ; on les emplit de bonne terre douce mêlée de terreau qu'on foule légèrement, et, lorsque la chaleur est favorable, on repique dans chaque pot un pied de Melon. Un autre procédé, également en usage dans la culture maraîchère, consiste à prendre d'une main un petit pot et de l'autre une poignée de fumier long et moelleux, que l'on tourne autour du pot pour lui en faire prendre la forme ; on enterre le tout à l'endroit où doit être repiqué le plant, puis on retire le pot que l'on remplace par de la terre, et on repique le plant comme on le ferait s'il s'agissait d'un pot ordinaire.

Ce procédé présente tous les avantages du repiquage en pot sans en avoir les désagréments, ce qui fait qu'il est fréquemment employé maintenant. Dans un cas comme dans l'autre, après la plantation on tient les panneaux couverts de paillassons pendant trois ou quatre jours pour faciliter la reprise du plant ; après quoi l'on découvre tous les jours, et l'on donne un peu d'air au moment du soleil. Lorsque la tige primitive porte trois ou quatre feuilles, on la coupe au-dessus de la seconde feuille ; ensuite on supprime les cotylédons, dans la crainte que l'humidité ne fasse pourrir ces organes et qu'ils ne détériorent la tige.

Dans la seconde quinzaine de février on prépare des couches de 60 centimètres d'épaisseur et de

1 mètre 33 centimètres de large, composées d'un tiers de fumier provenant d'anciennes couches; on ménage entre chacune d'elles un sentier de 40 centimètres de largeur. On les charge d'environ 15 centimètres de bonne terre; on place les coffres, et, après avoir bien étendu la terre dans les coffres, on pose les panneaux. Cela fait, on remplit les sentiers à moitié, et, quand la couche a jeté son premier feu, on plante deux pieds de Melon sous chaque panneau. Avant la plantation on fait un rang de trous sur le milieu de la couche; puis, si l'on a repiqué sur couche, on lève son plant avec une bonne motte, et l'on met un pied de Melon dans chaque trou, en ayant soin de l'enfoncer jusqu'aux premières feuilles. Si l'on a repiqué en pot, on dépote son plant avec précaution. Pour cela on prend le pot de la main droite, on place la main gauche sur la surface de la terre, de sorte que la tige se trouve entre deux doigts. On renverse le pot, on le frappe légèrement sur le bord du coffre, et, lorsque la motte en est sortie, on plante son Melon comme nous l'avons indiqué. Aussitôt après la plantation on donne un peu d'eau au pied; au moment du soleil on ombre les panneaux avec un peu de litière, et pendant quelques jours on s'abstient de donner de l'air.

Quelques jours après la plantation on entoure les coffres d'un bon réchaud de fumier, et l'on achève de remplir les sentiers. Pendant la nuit et par le mauvais temps on couvre les panneaux avec des paillassons; puis on donne de l'air toutes les fois que la température le permet.

La première taille, c'est-à-dire le pincement de la
tige primitive, ayant déterminé le développement de
deux rameaux latéraux, on en dirige un vers le haut
du coffre et l'autre vers le bas, et, lorsqu'ils ont
environ 33 centimètres de longueur, on les pince au-
dessus de la troisième ou quatrième feuille, suivant
la vigueur des pieds. Arrivé à ce point, et avant le
développement de nouvelles branches, on étend sur
toute la couche un bon paillis de fumier à moitié
consommé.

La seconde taille détermine l'émission de trois ou
quatre rameaux sur chaque branche latérale. Pendant
leur végétation on les dirige de manière qu'ils ne
ne se croisent pas, et, lorsqu'ils ont atteint environ 33
centimètres de longueur, on les coupe au-dessus de
la troisième feuille, sans avoir égard aux fleurs,
que l'on supprime, car les premières fleurs du Melon
sont ordinairement des fleurs mâles, que l'on nomme
fausses fleurs. Si par hasard il existe quelques fleurs
femelles, nommées *mailles*, on supprime également-
ment les branches sur lesquelles elles se trouvent ;
car, les plantes n'étant pas encore alors assez fortes,
les fruits qu'elles donneraient seraient très-inférieurs
à ceux qu'on obtiendra plus tard.

Après la troisième taille on surveille avec soin le
développement des nouvelles branches ; lorsqu'il y a
de jeunes fruits noués, on choisit le mieux fait, et on
pince la branche qui le porte à deux yeux au-dessus
de ce fruit, que l'on garantit avec les feuilles environnantes de manière à ce qu'il ne soit pas atteint
par les rayons directs du soleil, qui le durciraient :

puis on supprime immédiatement sur chaque pied
tous les autres fruits, afin de favoriser le développement de celui qu'on a laissé, et on pince toutes
les autres branches au-dessus de la seconde feuille.

Si, comme cela arrive quelquefois, le jeune fruit
ne prend pas une forme régulière, ou bien s'il allonge trop, on le supprime, et l'on fait choix d'une
autre maille. Quand il a atteint à peu près sa grosseur, si les plantes sont vigoureuses, on choisit sur
chaque pied, parmi les fruits nouvellement noués, un
second fruit, mais toujours dans les mêmes conditions
que pour le premier; après quoi on supprime tous
les autres. On peut donc compter sur un ou deux Melons pour chaque pied. Les autres soins se bornent à
supprimer toutes les branches nouvelles au-dessus de
leurs premières feuilles, et à couper l'extrémité des
rameaux qui sortiraient du coffre. Pour toutes les
opérations qui exigent l'enlevement des panneaux il
faut choisir le moment de la journée où la température est la plus douce, afin que le froid ne saisisse
pas les Melons, qui sont excessivement tendres. Lorsque les arrosements deviennent nécessaires, on bassine avec l'arrosoir à pomme; mais à cette époque il
faut que l'eau qu'on emploie soit au même degré de
température que l'atmosphère dans laquelle on la répand, afin de ne point retarder la végétation. Si les
Melons poussent très-vigoureusement, il est bon de
ne pas les arroser ou de ne leur donner que très-peu
d'eau jusqu'à ce qu'ils aient des fruits noués, car,
plus ils sont vigoureux, moins ils sont disposés à fructifier. Chaque jour, au moment du soleil, on donne

de l'air aux panneaux, en ayant soin de les soulever du côté opposé à celui d'où souffle le vent. Il ne faut pas, autant que possible, les habituer à être ombrés ; il vaut mieux aérer davantage à mesure que le soleil prend de la force ; car, lorsqu'on a commencé, il faut continuer et avec beaucoup d'exactitude, un rayon de soleil suffisant souvent pour brûler les feuilles. On continue de couvrir les panneaux toutes les nuits.

A partir de l'époque de la plantation il faut maintenir les réchauds à la hauteur des panneaux et les remanier tous les mois environ, en ajoutant chaque fois au moins moitié de fumier neuf, afin d'entretenir la chaleur de la couche ; mais il ne faut pas refaire les réchauds dans toute leur profondeur une fois que les Melons pousseront vigoureusement, car ils sont munis de racines qui rampent presque à la superficie du sol, et, comme elles se développent rapidement, elles ne tardent pas à pénétrer dans les sentiers. Il faut donc s'abstenir de toute opération qui pourrait en arrêter le développement.

Par ce traitement les fruits de la première saison commencent à mûrir dans la première quinzaine d'avril, et ceux semés en février donnent en mai (1).

(1) Un fait assez important à connaître est le point précis de la maturité des Melons. A ce sujet nous dirons qu'il n'est pas toujours indispensable d'attendre la maturité complète pour récolter un Melon ; il suffit qu'il soit *frappé*, c'est-à-dire qu'il commence à changer de couleur ou de teinte. Lorsqu'il est arrivé à ce point, on peut le cueillir, le déposer dans un lieu frais, où il achève de mûrir sans rien perdre de sa qualité ; par ce moyen on peut facilement prolonger la récolte. Bien qu'il ne soit pas toujours facile de constater la maturité d'un Melon, nous dirons qu'on le juge arrivé au point d'être mangé lorsqu'il prend une coloration jaune, qui devient assez intense dans les espèces de couleur claire ; lors-

Les Melons de primeurs sont au nombre des plantes qu'il est avantageux de chauffer avec le thermosiphon, car une des circonstances les plus défavorables à cette culture est l'absence du soleil, qui a souvent lieu en janvier et février; et comme, malgré la rigueur de la température, il est nécessaire de bassiner les Melons, à cause de la chaleur de la couche, il arrive souvent que l'atmosphère du châssis se charge d'humidité et que de nombreuses gouttelettes d'eau se forment sur toute la surface intérieure des panneaux; or, si la température ne permet pas de donner de l'air, cet excès d'humidité occasionne la coulure des fleurs. C'est dans cette circonstance qu'on peut apprécier l'effet avantageux du thermosiphon. Comme on règle ce chauffage à volonté, on peut donner de l'air toutes les fois qu'il est nécessaire. Par ce procédé les soins sont exactement les mêmes que ceux précédemment indiqués; seulement on monte une couche beaucoup moins forte. On fait circuler les tuyaux de l'appareil au-dessus de la couche.

Dans la seconde quinzaine de février on sème une seconde saison de Melons.

Comme, à l'époque où ces Melons deviennent bons à planter, la température commence à être plus favorable, on ne fait plus les couches aussi chaudes, et il n'est plus nécessaire de remanier les réchauds aussi

que la queue est cernée à son point d'insertion comme si elle allait se détacher; enfin lorsque le fruit répand une odeur agréable, et qu'en pressant doucement l'ombilic (le point opposé à la queue) on le sent fléchir sous le doigt. La maturité des espèces à écorces minces est plus facile à constater; celle des Cantaloups présente plus d'incertitude.

souvent. Une quinzaine de jours après le repiquage, on choisit un emplacement bien exposé au midi, mais où l'on n'ait pas cultivé de Melons l'année précédente ; car, pour que le succès de cette culture soit satisfaisant, il ne faut pas planter deux années de suite dans le même terrain. On ouvre une première tranchée de 1 mètre de largeur et de 33 centimètres de profondeur, dont on dépose les terres à l'extrémité du carré, c'est-à-dire à l'endroit où l'on doit faire la dernière tranchée ; puis on prépare une bonne couche d'environ 66 centimètres d'épaisseur, composée de moitié fumier neuf, moitié fumier provenant d'anciennes couches. Ensuite on ouvre une seconde tranchée à 66 centimètres de la première, et on charge la couche de 15 centimètres de la meilleure terre. On monte une couche dans la seconde tranchée, et ainsi de suite jusqu'au bout du carré, où l'on trouvera la terre de la première tranchée pour charger la dernière couche.

Après cela on laboure les sentiers, on place les coffres, on étend la terre dans l'intérieur des coffres, on pose les panneaux, puis on entoure les coffres d'un bon réchaud de fumier et on remplit les sentiers. Lorsque la chaleur de la couche est au point convenable on plante deux pieds de Melons sous chaque panneau et on leur donne les mêmes soins qu'aux Melons de première saison.

Melons sous cloches. — Pour la culture sous cloches on peut encore semer les Melons cantaloups Prescott ; mais beaucoup de maraîchers préfèrent le Melon maraîcher, qui fructifie beaucoup plus.

. Vers la fin de mars ou le commencement d'avril on sème sur couches et sous panneaux, en ayant soin d'observer tout ce qui a été indiqué pour l'éducation du plant de première saison. Quelque temps avant la plantation on ouvre une tranchée de 65 centimètres de largeur sur 40 centimètres de profondeur, puis on prépare une couche d'environ 75 centimètres d'épaisseur. On la bombe légèrement au milieu, et on la couvre d'un lit de bonne terre mêlée de terreau. Lorsque la chaleur de la couche est favorable, on plante les Melons sur un rang et à 66 centimètres les uns des autres. Aussitôt après la plantation on couvre chaque Melon d'une cloche que l'on enveloppe de litière pendant deux ou trois jours pour favoriser la reprise du jeune plant ; pendant la nuit on couvre les cloches avec des paillassons. Dès que les Melons commencent à végéter on donne un peu d'air en soulevant les cloches pendant le jour, puis on augmente graduellement jusqu'au moment de les enlever, c'est-à-dire lorsqu'elles ne peuvent plus contenir les branches ; mais il ne faut le faire que par un beau temps, et il vaudrait mieux retarder cette opération que d'enlever les cloches par un temps humide. A partir de l'époque ci-dessus indiquée jusqu'à la Saint-Jean (22 ou 25 juin) on peut successivement planter plusieurs saisons de Melons sous cloches. L'éducation du plant, la taille et les autres soins sont en tout conformes à ceux que nous avons indiqués pour les Melons cultivés sous panneaux.

Melons en pleine terre. — Sous le climat de Paris il n'est pas possible de semer les Melons en pleine terre, mais on peut, comme nous l'avons vu faire pendant plusieurs années à *Stains*, sur le bord de la Crould, planter, dans la première quinzaine de mai, des Melons tout venus dans des trous remplis de 25 à 3o centimètres de fumier.

Traités, pour la taille et les autres soins, conformément aux préceptes que nous avons exposés, ces Melons peuvent donner dans le courant d'août des fruits d'une beauté remarquable.

A *Honfleur* on sème les Melons, dans la première quinzaine d'avril, sur couche, sous cloche ou sous panneau. A la même époque on fait à la bêche des trous de 6o a 7o centimètres de diamètre et de 3o à 4o centimètres de profondeur, à 2 mètres 3o centimètres les uns des autres en tout sens. On laisse ces trous ouverts pendant une huitaine de jours, après quoi on les remplit de fumier ou de bruyère; puis, après avoir mélangé du terreau avec la terre provenant des trous, on en recouvre le fumier de manière à former une butte sur laquelle on place une cloche cinq ou six jours avant la plantation, afin que le soleil échauffe le sol.

Lorsque le plant est bon à mettre en place on le lève en motte, mais pour cela on choisit autant que possible un temps doux et couvert; puis on plante un pied de Melon sous chaque cloche, en ayant soin de l'enfoncer jusqu'aux premières petites feuilles.

Après la plantation on ombre le Melon au moyen d'une tuile qu'on place du côté du soleil, puis on arrose au besoin, et, quelque temps après, on pince la tête 'du Melon au-dessus de la seconde ou de la troisième feuille.

Quand les cloches ne peuvent plus contenir les branches des Melons on les pose sur trois briques, puis on les enlève lorsque le temps est favorable; mais auparavant on fume le terrain autour des buttes. Arrivé à ce point on ne touche plus aux Melons; car à *Honfleur* personne ne les taille.

Si le temps est favorable les premiers fruits commencent à mûrir vers la fin de juillet, puis successivement jusqu'en octobre.

Dans les marais de *Tours* on cultive les Melons réellement en pleine terre, comme dans le midi de la France. Les semis ont lieu vers la fin d'avril ou au commencement de mai, en ligne et immédiatement en place. Environ un mois après le semis le plant est éclairci de manière à ce que chaque pied de Melon occupe 45 ou 5o centimètres sur la ligne. Après la seconde taille on se borne à couper avec la bêche l'extrémité de toutes les branches qui dépassent les bords de la planche.

Malgré toutes les imperfections de ce mode de culture, on récolte dans les marais de Tours, dans le courant d'août, des Melons de qualité passable.

Graines. — Pour porte-graines on choisit les Melons les plus francs et les plus beaux, et on les laisse sur pied jusqu'à parfaite maturité; après quoi on recueille les graines et on les fait sécher à l'ombre. On peut encore recueillir avantageusement les graines d'un bon Melon au moment où on le mange. Elles se conservent pendant cinq ans

NAVET (Brassica Napus).

Plante bisannuelle indigène.

On ne cultive pas de Navet dans les marais de Paris, mais à Aubervilliers, à Noisy-le-Sec, à Croissy et à Meaux, on en récolte une très-grande quantité. Les variétés cultivées dans ces différents localités sont: le Navet long des Vertus; le N. Marteau, sous-variété du précédent; le rose du Palatinat, le blanc plat hâtif, le rouge plat hâtif, le Navet de Freneuse, le jaune d'Écosse et le Navet de Meaux. Les terres légères conviennent particulièrement à la culture des Navets; cependant les jardiniers de Croissy sèment de préférence leur première saison de Navets en terre forte; ils ont remarqué qu'ils y réussissent mieux que partout ailleurs.

On sème les Navets à la volée depuis le 15 mars jusqu'au 1er septembre; il faut environ 25 grammes de graine par planche. Ceux qu'on destine à la consommation d'hiver doivent être semés dans la première quinzaine d'août. Lorsque le plant est assez fort on l'éclaircit plus ou moins, suivant la grosseur des variétés que l'on cultive.

Pendant l'été les Navets demandent à être arrosés souvent, autrement ils montent en graines sans former de tubercules.

Les Navets qu'on sème en mars sont bons à récolter dans la seconde quinzaine de mai; en échelonnant les semis on peut en avoir toute l'année.

A Meaux on arrache les Navets avant les gelées.

et, après leur avoir retranché la tête, on les dépose dans une fosse de 1 mètre de large et d'environ 80 centimètres de profondeur; pendant les gelées on les couvre de paille; de cette manière on en conserve jusqu'en avril.

Graines. — On plante en mars des racines de l'année précédente; on récolte en juin les graines, qui se conservent bonnes pendant cinq ans.

OIGNON (Allium Cepa).

Plante herbacée, bisannuelle, dont la patrie est inconnue. Elle formait, pour ainsi dire, la base principale de la nourriture des peuples de l'antique Égypte, qui l'estimaient au point de la diviniser et de s'en servir comme de monnaie courante.

Les variétés cultivées soit dans les marais de Paris, soit à Aubervilliers, où l'on s'occupe de cette culture, sont : l'Oignon jaune des Vertus et le blanc.

Oignon jaune des Vertus. — On le sème à la volée dans la seconde quinzaine de février et dans la première quinzaine de mars, à raison de 15 kilogrammes par hectare, auxquels on ajoute 3 kilogrammes de graine de Poireau. Après le semis on herse, puis on passe le rouleau, et, lorsque les graines sont bien levées, on éclaircit dans les places où le plant est trop épais. Pendant leur végétation les Oignons n'exigent que des binages et quelques arrosements. Lorsqu'ils sont suffisamment gros on peut abattre les fanes, afin de hâter la maturité. On récolte les Oignons vers la fin d'août ou au commencement de septembre, enfin aussitôt que les feuilles jaunissent. Après les avoir arrachés on les laisse sur le terrain pendant quelques jours pour qu'ils achèvent de mûrir, après quoi on les dépose dans un grenier. Si l'on a soin de les étendre et d'enlever tout ce qui pourrait engendrer de la pourriture, on peut en avoir jusqu'à la fin de mai. On peut aussi conserver les Oignons suspendus par botte, après en avoir tressé les fanes, comme on le fait dans le département de la Loire-Inférieure.

Oignon rouge pâle. — On le sème au printemps comme l'Oignon jaune. Cependant, dans le département des Deux-Sèvres, on sème l'Oignon rouge pâle à la Saint-Louis (25 août), puis on le repique en février et mars.

Une autre méthode consiste à semer excessivement serré, en mai ou juin, l'Oignon rouge pâle, dans le but d'obtenir une grande quantité de très-petits Oignons que l'on arrache à la fin d'octobre ou au commencement de novembre. On les conserve au grenier à l'abri de la gelée ; puis on les repique au mois de février, à 15 ou 20 centimètres les uns des autres en tous sens.

Ces Oignons donnent ordinairement en mai et juin des récoltes abondantes.

Oignons blancs. — On en cultive deux variétés : le blanc gros et le blanc hâtif. On sème l'Oignon blanc gros en février ou mars, et on le traite exactement comme le jaune des Vertus.

On sème l'Oignon blanc hâtif (le seul cultivé dans les marais de Paris) en pépinière dans la première quinzaine d'août pour le repiquer en octobre, et vers la fin du même mois pour repiquer en mars; il faut environ 5 hectogrammes de graine par planche. En octobre dans les terres légères, en mars dans les terres fortes, on prépare le terrain qu'on destine à la plantation de l'Oignon blanc. On trace vingt-cinq rangs par planche, après quoi on soulève son plant à la bêche, afin de ne pas rompre les racines; après en avoir arraché une certaine quantité, on raccourcit les racines et on rogne l'extrémité des feuilles supérieures; puis on repique ses Oignons à 10 centimètres de distance sur la ligne. On peut semer, à travers ceux qu'on repique en octobre, un peu de mâche pour le printemps. Dans les hivers rigoureux il est prudent de couvrir le plant d'Oignons blancs avec de la litière. On commence à récolter les Oignons vers la fin d'avril ou au commencement de mai.

Si, par une circonstance imprévue, il arrivait qu'on manquât le plant, ou bien que la quantité en fût insuffisante, on pourrait semer en janvier ou février sur couche et sous panneaux. On repique en place à la fin de février ou au commencement de mars; on récolte, il est vrai, un peu plus tard, mais on ne manque pas la saison.

Pour avoir du petit Oignon qui succède à celui qui a été semé à l'époque ci-dessus indiquée, quelques maraîchers sèment de l'Oignon blanc hâtif depuis le mois de février jusqu'en juin. Ils le sèment immédiatement en place, dans la proportion de 250 grammes par planche. Après le semis ils étendent une couche de terreau sur chaque planche, et, lorsque l'Oignon est levé, ils éclaircissent si le plant est trop dru ; ensuite ils arrosent au besoin. A ce sujet nous dirons que pendant les temps de sécheresse les arrosements doivent être fréquents, mais que dans les années humides ils doivent être donnés avec beaucoup de ménagement ; autrement les Oignons tournent mal, souvent même ils restent en Ciboule. Comme les petits Ognons sont fort recherchés pour la cuisine, rarement les maraîchers attendent la maturité de leurs Oignons pour les vendre ; le plus souvent ils les livrent à la consommation dès qu'ils commencent à tourner.

Graines. — Pour porte-graines on choisit les Oignons les plus beaux et les mieux conservés ; on les plante en février ou mars, en ligne, à 40 ou 45 centimètres les uns des autres. Quant aux Oignons blancs, on les plante à la fin d'août ou au commencement de septembre, également en ligne.

Dans le courant du mois d'août on coupe les ombelles avec une portion de la hampe, afin de pouvoir les réunir en bottillons que l'on suspend dans un lieu sec et aéré ; lorsqu'elles sont suffisamment sèches, on les frotte entre les mains pour en extraire les graines. Elles sont bonnes pendant deux ans. Conservées dans leurs capsules elles lèvent encore dans la troisième année.

OSEILLE (Rumex acetosa).

Plante vivace indigène.

La seule variété cultivée dans les marais de Paris ou des environs est celle à larges feuilles, connue sous le nom d'Oseille de Belleville. On la sème en rayons depuis mars jusqu'en juillet.

On trace ordinairement dix rangs par planche ; il faut environ 3 hectogrammes de graine pour chacune. Après le semis on recouvre les graines ; on passe le râteau sur la planche ; on étend une légère couche de terreau sur le tout ; puis on plante un rang de Romaines entre chaque rang d'Oseille. Ensuite on donne de fréquents bassinages, et assez ordinairement on commence à cueillir six semaines après le semis.

On fait la dernière récolte vers la fin d'octobre ou le commencement de novembre ; après quoi on donne un binage, on étend un bon paillis de fumier à moitié consommé sur chaque planche, puis on laboure les sentiers ; ou bien à la même époque on relève les touffes d'Oseille pour les mettre en jauge et les chauffer l'hiver. Beaucoup de maraîchers forcent de l'Oseille bien qu'ils ne la produisent pas ; ils achètent des touffes toutes venues, soit à Pantin, soit à Belleville, soit à Bagnolet.

On commence à chauffer l'Oseille vers la fin de novembre ou au commencement de décembre ; on peut continuer successivement jusqu'à la fin de février.

A cet effet l'on prépare une couche de 35 à 40

centimètres d'épaisseur, dont la chaleur s'élève de 10 à 12 degrés; on place les coffres et on charge la couche de 15 à 20 centimètres de terreau ; après cela on plante dix à douze rangs d'Oseille par coffre. Pendant les gelées on couvre les panneaux avec des paillassons, et l'on donne de l'air aussi souvent que possible.

On peut aussi forcer l'Oseille sur place ; pour cela on pose sur les planches des coffres, puis des panneaux ; on creuse les sentiers qui entourent les coffres, et l'on établit un réchaud de fumier, que l'on remanie de loin en loin.

Graines. — On récolte la graine d'Oseille en juillet, sur du plant de l'année précédente ; elle se conserve pendant deux ans.

PANAIS CULTIVÉ (Pastinaca sativa).

Plante bisannuelle indigène. La racine aromatique de cette plante s'emploie pour donner du goût au potage.

Dans les marais de Paris on cultive la variété connue sous le nom de Panais rond, qu'on sème à la volée depuis la fin de février jusqu'en juillet. Il faut environ 45 grammes de graine par planche. Aussitôt qu'elles sont levées on éclaircit le plant, qui est presque toujours trop dru si le semis a bien réussi. On peut sans inconvénient laisser les Panais en terre pendant l'hiver, car ils ne craignent nullement la gelée.

Graines. — On plante en mars des racines de l'année précédente. La graine mûrit vers la fin de septembre et n'est bonne que pendant un an.

PATATE DOUCE (Ipomæa Batatas).

Plante vivace, originaire des parties chaudes de l'Amérique.

Il est impossible d'indiquer l'époque de l'introduction de la Patate dans nos cultures ; nous savons seulement qu'elle fut introduite en Angleterre en 1597 ; que Louis XV, qui aimait beaucoup les Patates, les faisait cultiver pour sa table dans ses jardins de Trianon et de Choisy-le-Roi.

Depuis cette époque jusque vers 1800 la Patate fut reléguée dans les serres chaudes de nos jardins botaniques ; mais, vers 1800, M. le comte Lelieur, ayant été nommé administrateur des jardins de la couronne, fit cultiver les Patates à Saint-Cloud. Alors la Patate devint à la mode, et sous l'Empire plusieurs jardiniers marchands, parmi lesquels nous citerons MM. Ridou (François), Fournier, François, Découfflé, Courtois et Noël, cultivèrent les Patates ; puis successivement tous abandonnèrent cette culture pour d'autres plus avantageuses. Aujourd'hui MM. Découfflé et Gontier sont les seuls qui la cultivent encore.

Sans nous arrêter à faire connaître les modifications que cette culture a subies, nous dirons que maintenant on cultive trois variétés de Patates : la rouge, la jaune et la violette de la Nouvelle-Orléans. Toutes sont cultivées sur couches, et on les multiplie de la manière suivante. Dans les premiers jours de janvier on fait choix de quelques tubercules parmi les mieux conservés ; on les dépose sur une couche chaude, et on les recouvre de panneaux sur lesquels on étend des paillassons pendant la nuit. Peu de temps après ils entrent en végétation ; alors on enlève les jeunes pousses à mesure qu'elles atteignent 6 ou 8 centimètres de longueur ; on les repique dans des pots d'environ 6 centimètres de diamètre, que l'on enterre sur couche ; on les couvre d'une cloche ; après quoi l'on bassine au besoin, et, lorsque les boutures sont enracinées, ce qui a lieu assez promptement, on commence à soulever un peu la cloche et l'on augmente graduellement, pour l'enlever complétement lorsque les boutures peuvent supporter l'air sans se faner.

Pour planter les premières Patates on prépare, dans la première quinzaine de février, une couche de 5o à 6o centimètres d'épaisseur, composée de fumier et de feuilles, que l'on charge d'environ 25 centimètres de bonne terre de potager mêlée de terreau ; lorsque la chaleur est favorable, on plante quatre Patates sous chaque panneau.

Au lieu de planter des boutures élevées en pot on peut planter des bourgeons pris sur les tubercules que l'on a mis en végétation ; seulement il faut, pour être plus certain de la reprise, enlever avec chaque bourgeon une portion du tubercule. Pendant la nuit on couvre les panneaux avec des paillassons, et on remanie les réchauds de temps en temps afin d'entretenir la chaleur de la couche ; on bassine au besoin et on donne de l'air toutes les fois que le temps le permet. Comme en grossissant il arrive souvent que les Patates sortent de terre, il faut avoir soin de les recouvrir de quelques centimètres de terre.

On peut récolter les Patates ainsi traitées en mai ou juin. On détache les plus grosses, et, si l'on recouvre avec soin les racines, elles ne continueront pas moins de végéter jusqu'à l'automne.

Dans le courant d'avril on plante les Patates sur des couches sourdes semblables à celles que l'on prépare pour les Melons. Après la plantation on recouvre chaque pied de Patates d'une cloche sur laquelle on met un peu de litière au moment du soleil, et au bout de quelques jours on commence à donner un peu d'air en soulevant les cloches pendant le jour; enfin on les enlève lorsqu'elles ne peuvent plus contenir les branches. Plus tard on peut planter les Patates sur les couches à Melons.

On peut encore cultiver les Patates comme il suit : en mai on fait de 60 en 60 centimètres des trous de 40 à 50 centimètres de large et de 35 à 40 centimètres de profondeur; on remplit le fond de fumier qu'on couvre d'environ 20 centimètres de terre légère et substantielle, et l'on plante trois Patates dans chaque trou, en les disposant de manière à ce qu'elles se trouvent à environ 10 centimètres l'une de l'autre; puis on arrose, on recouvre d'une cloche, et l'on ombre au besoin.

Dans le midi de la France les Patates n'exigent pas plus de soins que les Pommes de terre.

Vers la fin d'août ou au commencement de septembre on trouve des tubercules bons à être consommés; mais ce n'est que dans le courant d'octobre que l'on fait la récolte complète. Quelle que soit l'époque, il faut les récolter avec beaucoup de précaution, car celles qui sont froissées ou rompues pourrissent promptement.

Conservation des Patates. — Chez les primeuristes qui cultivent les Patates, comme on les vend aussitôt après la récolte, on n'a pas à se préoccuper de leur conservation ; mais au potager de Versailles on conserve des Patates jusqu'à une époque assez avancée, ce qui a lieu de la manière suivante. Après la récolte on laisse ressuyer les tubercules pendant quelques jours sur le terrain, puis on les place dans de grands paniers ; on dispose alternativement un lit de Patates et un lit de vieille tannée ou de vieille terre de bruyère bien sèche ; après quoi on les dépose dans une galerie attenante aux serres à Ananas, où la température ne descend jamais au-dessous de 12 degrés. Par ce moyen on conserve des Patates jusqu'en février sans la moindre altération.

M. Souchet, jardinier du château de Fontainebleau, conserve ses Patates sur place. Dès le mois de septembre, si le temps est pluvieux, il couvre ses couches à Patates avec des panneaux, afin que la terre se dessèche graduellement ; en octobre il supprime successivement toutes les branches ; puis, quand les gelées arrivent, il couvre les panneaux de paillassons, de litière ou de feuilles, de manière que le froid et l'humidité ne puissent pas pénétrer jusqu'aux tubercules, qui, par ce moyen, se conservent très-bien pendant tout l'hiver.

PERCE-PIERRE, Bacille maritime, Fenouil marin (*Crithmum maritimum*).

Plante annuelle, indigène de nos côtes maritimes. On fait confire ses feuilles au vinaigre et elles servent d'assaisonnement.

On la sème en septembre, aussitôt après la maturité des graines, ou bien en mars, au pied d'un mur au levant ou au couchant. On arrose abondamment pendant l'été et l'on couvre de litière pendant l'hiver.

Graines. — Les graines de Perce-pierre mûrissent en août et septembre et ne sont bonnes que pendant un an.

PERSIL (Petroselinum sativum).

Plante bisannuelle, originaire de Sardaigne.

En février on sème un ou deux rayons de Persil au pied d'un mur à bonne exposition ; en mars ou avril on sème en plein marais, à raison d'environ 5 hectogrammes de graine par planche. On trace douze rayons par planche ; puis on plante un rang de Romaines entre chaque rang de Persil. Pour n'en pas manquer en hiver on pose, à l'approche des gelées, des coffres sur des planches disposées à cet effet, puis on les couvre de panneaux. A défaut de coffres on peut poser les panneaux sur des pots à fleurs ; on entoure le tout d'un réchaud de fumier. Comme les hivers rigoureux détruisent le Persil, il est souvent avantageux d'en semer sous panneaux; mais pour cela il est bon d'être fixé sur son état de conservation, car, dans le cas où il n'aurait pas souffert de la gelée, ce travail serait inutile. Ainsi, quand l'hiver est rigoureux, on place, dans le courant de janvier, des coffres à une bonne exposition, on enlève la terre des sentiers qui entourent ces coffres, et on s'en sert pour recharger le sol, afin que le semis ne soit pas trop éloigné des vitraux. Après avoir préparé le terrain on trace huit rangs par coffre. Après le semis, qui exige environ 3o grammes de graine par coffre, on pose les panneaux et l'on entoure les coffres d'un réchaud de fumier; on bassine au besoin et l'on donne de l'air toutes les fois que la température le permet. De cette manière on aura du jeune Persil dans la seconde quinzaine de mars.

Graines. — On récolte la graine de Persil en septembre, sur du plant de l'année précédente ; elle se conserve pendant trois ans.

PIMENT (Capsicum annuum).

Plante annuelle, originaire des Indes.

Les fruits de cette plante, récoltés avant leur maturité, se confisent au vinaigre, avec ou comme les Cornichons ; lorsqu'ils sont mûrs on les fait sécher au soleil ou au four, on les pulvérise et on s'en sert pour remplacer le Poivre.

On en cultive trois variétés : le Piment nommé Poivre long, le gros Piment doux et le Piment du Chili.

On les sème en février et mars sur couche et sous panneaux, et, lorsque le plant a quatre ou cinq feuilles, on le repique en pépinière, toujours sur couche, pour le planter en mai en pleine terre, à bonne exposition.

Le gros Piment doux, plus tardif que les autres, doit être cultivé sur couche ; souvent on le plante après les Melons de première saison.

Graines. — Comme, sous le climat de Paris, les graines de Piment ne mûrissent pas toujours bien, on les fait venir de Provence ; elles se conservent pendant quatre ans.

PIMPRENELLE (PETITE) (Poterium Sanguisorba).

Plante vivace, indigène des terrains secs et élevés ; elle ne s'emploie guère que comme fourniture de salade.

On la sème en rayons en avril ; on trace douze rayons par planche, et il faut environ 6 hectogrammes de graine. Après le semis on étend un léger paillis sur toute la planche et on arrose au besoin.

Graines. — On récolte la graine de Pimprenelle en septembre, sur du plant de l'année précédente ; elle se conserve pendant deux ans.

PISSENLIT, Dent de Lion (Leontodon Taraxacum).

Cette plante est peu cultivée, car on en trouve abondamment dans les prés ; cependant, quand les Pissenlits sont semés au printemps, on les obtient plus beaux, de meilleure qualité, surtout si l'on a soin de récolter les graines sur les individus dont les feuilles sont les plus larges. Indépendamment de la salade qu'ils produisent vers la fin de l'hiver, on peut en faire blanchir à l'automne ; il suffit pour cela de les repiquer en ligne, en juin ou juillet, comme le font depuis longtemps les jardiniers maraîchers de Nancy, et de les recouvrir en octobre de 12 à 15 centimètres de terre.

Dès qu'ils commencent à percer la couche de terre on les coupe au collet de la racine. Ainsi traité le Pissenlit remplace parfaitement bien la Chicorée sauvage.

Graines. — On récolte la graine de Pissenlit en août et septembre ; elle est bonne pendant deux ans.

POIRÉE (Beta vulgaris).

Plante bisannuelle, originaire du midi de l'Europe.

On en cultive deux variétés principales : la blonde ordinaire, dont les feuilles sont employées pour corriger l'acidité de l'Oseille, et la Poirée à cardes, dont les côtes épaisses et succulentes sont employées en cuisine comme celles des Cardons.

Poirée blonde. — On la sème en rayons depuis avril jusqu'en juillet. On trace huit ou dix rangs par planche ; il faut environ 200 grammes de graine pour chacune. Aussitôt que les graines sont levées on éclaircit le plant de manière à ce qu'il se trouve à 4 ou 5 centimètres de distance sur la ligne. On peut commencer à couper la Poirée, pourvu qu'elle ait été convenablement arrosée si le temps est sec, six semaines environ après le semis. Pour n'en pas manquer en hiver, dès l'approche des gelées on pose des coffres et des panneaux sur des planches disposées à cet effet. On enlève la terre des sentiers, puis on entoure les coffres d'un réchaud de fumier; on donne de l'air aussi souvent que possible, et pendant la nuit on couvre les panneaux avec des paillassons.

On peut aussi relever des racines en mottes pour les planter sur couches, mais seulement après d'autres cultures et sans qu'il soit nécessaire de remanier les couches.

Poirée à cardes) Beta cycla).— On la sème en pépinière en juin. Lorsque le plant est assez fort on le repique immédiatement en place, dans des planches en culture, mais garnies de légumes qu'on juge devoir être récoltés avant qu'ils puissent nuire au développement des Poirées. On trace quatre rangs par planche et on repique le plant à 40 centimètres de distance sur la ligne. Pendant la sécheresse on arrose abondamment, afin d'avoir des Cardes grosses et bien tendres. Pendant les gelées on les couvre de litière. Au printemps on enlève la paille et les feuilles endommagées; puis, vers la fin d'avril ou au commencement de mai, on récolte les premières Poirées à cardes.

Dans les marais de Lyon on butte les Poirées à cardes comme les Artichauts.

Graines. — On récolte les graines de Poirées en septembre, sur du plant de l'année précédente ; elles se conservent bonnes pendant cinq ou six ans.

POIREAU (Allium Porrum).

Plante bisannuelle, originaire des Alpes, introduite dans la culture en 1562.

On en cultive deux variétés, le court et le long. On commence à semer le Poireau vers la fin de décembre ou le commencement de janvier, sur couche et sous panneaux.

On prépare une couche d'environ 40 centimètres d'épaisseur, dont la chaleur soit de 15 degrés; on entoure le coffre d'un réchaud de fumier, puis on charge la couche de 10 centimètres de terreau. Il faut environ 2 hectogrammes de graine par coffre. Vers la fin de février ou au commencement de mars on repique le plant en pleine terre On trace vingt-cinq à trente rangs par planche; après quoi on arrache son plant, on raccourcit les racines et on rogne l'extrémité des feuilles supérieures; puis on le repique à 10 centimètres de distance sur la ligne, en ayant soin d'enfoncer le plant profondément, car plus le Poireau est enterré, plus il a de blanc. On arrose au besoin. Ordinairement ces Poireaux sont bons à récolter dans les premiers jours de juin.

En février ou mars on sème en pleine terre et à la volée; il faut environ 5 hectogrammes de graines par planche. On repique le plant vers la fin d'avril, c'est-à-dire lorsqu'il est assez fort (dans les cultures en plein champ on sème à la même époque, mais immédiatement en place); puis on fait en juillet un autre semis qu'on repique au commencement de

septembre. Quelle que soit d'ailleurs l'époque du semis, le repiquage a lieu comme nous l'avons précédemment indiqué ; seulement on trace quelques rangs
de moins par planche, car ces Poireaux sont destinés
à devenir beaucoup plus forts que ceux repiqués en
février. Dans la seconde quinzaine de septembre on
fait un dernier semis, mais très-clair ; 1 hecto-
gramme de graines suffit pour garnir une planche,
car alors on ne repique pas le plant. Ce Poireau est
bon à récolter en juin.

Graines. — On sème en juillet le Poireau destiné
à fournir de la semence ; on le repique en septembre,
et, si l'hiver est rigoureux, on couvre le plant avec de
la litière. Les graines sont bonnes à récolter en septembre Après avoir coupé les ombelles on les réunit
par bottes, que l'on suspend dans un lieu sec, pour
n'en extraire les graines qu'à l'époque des gelées, car
alors elles se détachent plus facilement. Les graines
se conservent bonnes pendant deux ans ; dans leur
capsule elles restent bonnes pendant trois ans.

POIS CULTIVÉ (Pisum sativum).

Plante originaire de l'Europe méridionale.

Ainsi que les Haricots les Pois ne sont cultivés
dans les marais de Paris que comme primeurs. Les
variétés ordinairement employées sont le Pois prince
Albert, le nain hâtif à châssis, et le Pois Michaux de
Hollande, qui est le plus hâtif.

Le semis a lieu de la manière suivante.

Dès les premiers jours de novembre on prépare

un terrain sur une costière à bonne exposition ; ensuite on place un ou plusieurs coffres selon la quantité de plant dont on a besoin, puis on sème ses Pois. En semant environ 1 litre par coffre, on obtiendra assez de plant pour garnir six ou huit panneaux. On recouvre les graines légèrement, puis on place les panneaux, et, lorsque les Pois sont bien levés, on les recharge d'une légère couche de terre fine. Dans le courant de décembre on place les coffres qu'on destine à recevoir la plantation, et on enlève dans chacun une épaisseur de terre à peu près égale à celle d'un bon fer de bêche, de manière à avoir 45 à 50 centimètres de profondeur sous les panneaux ; on dépose la terre dans les sentiers, et elle sert à accoter les coffres. Après cela on donne un bon labour, on nivelle le terrain, on passe le râteau, et l'on trace dans chaque coffre quatre rayons d'environ 8 centimètres de profondeur, en ayant soin de les distancer également, mais de manière à laisser plus d'espace vers le bas du coffre, qui est naturellement la partie la plus humide. Une fois l'emplacement préparé, et dès que le plant a 8 ou 10 centimètres de hauteur, on le soulève avec la bêche, afin de ne point rompre les racines en l'arrachant, puis on le repique par trois ou quatre brins ensemble et à environ 20 centimètres de distance sur la ligne.

Pendant les gelées on couvre les panneaux la nuit avec des paillassons, et l'on donne de l'air toutes les fois que la température le permet. Lorsque les Pois ont 20 à 25 centimètres de haut, on couche toutes les tiges vers le haut du coffre, et, pour les maintenir dans cette position, on les recouvre d'un peu de terre. Lorsqu'ils fleurissent on pince toutes les tiges au-dessus de la troisième ou de la quatrième fleur, afin de les faire fructifier plus promptement.

Toutes les fois que le soleil a suffisamment échauffé la terre on donne des bassinages, ce qui doit avoir lieu avec beaucoup de ménagement jusqu'à l'époque où les Pois commencent à fructifier, afin de ne point déterminer une végétation trop vigoureuse, qui nuirait essentiellement à la récolte, qu'on commence ordinairement dans la première quinzaine d'avril, ce qui fait qu'on peut encore disposer des coffres et des panneaux pour planter des Melons.

Lorsqu'on a une bonne costière on peut semer ses Pois sur une couche tiède, sous panneaux ou sous cloches, vers la fin de janvier et dans le courant de février; ensuite, selon l'état de la température, on les repique dans des rayons un peu profonds; puis on les couvre de litière pendant les mauvais temps. Ces Pois ne donnent qu'après ceux qui ont été cultivés sous panneaux, mais beaucoup plus tôt que ceux semés en place en novembre et décembre.

Les primeuristes ont presque tous abandonné la culture des Pois sous panneaux depuis qu'on peut manger à Paris des petits Pois, venant de l'Algérie, dans la seconde quinzaine de janvier.

Pleine terre. — Aux environs de Paris on sème les Pois en plein champ; on en cultive quatre variétés: le Pois Michaux de Hollande, le Pois Michaux de Rueil, le Pois Michaux ordinaire ou petit Pois de Paris, et le Clamart, ou Pois carré fin.

On sème le Pois Michaux, selon la position des terrains, soit à la Sainte-Catherine (sur les côtes inclinées au midi), soit en décembre, ou bien encore en février ou mars. On trace des rayons un peu profonds et à 25 centimètres les uns des autres. Après les semis *on marche* les Pois si la terre est légère et sèche, puis on les recouvre de quelques centimètres de terreau, et, lorsqu'ils ont 15 ou 20 centimètres de hauteur, on donne un binage et l'on remplit les rayons. Enfin, quelle que soit l'époque du semis, les soins consistent à donner quelques binages et à pincer l'extrémité des tiges au-dessus de la troisième ou quatrième fleur, afin de hâter la maturité.

On sème les Pois de Clamart en février ou mars, et à partir de cette époque on peut continuer successivement jusqu'à la fin de juillet si l'on veut récolter en vert.

Les Pois à rames, connus sous les noms de Pois d'Auvergne, Pois sans parchemin, Pois ridé, Pois vert normand, doivent être semés en février et mars comme le Pois Michaux.

Après la récolte des Pois de première saison on sème des Carottes hâtives, des Navets, des Pommes de terre, ou bien on plante des Choux de Milan.

Graines. — Pour avoir de bonne semence on réserve une partie de la première saison des Pois semés en mars, que l'on récolte dans les premiers jours de juillet.

Presque toujours les graines sont attaquées par un insecte, nommé *bruche*, qui dépose ses œufs dans les Pois pendant la floraison. Cet insecte éclot dans le

Pois, et fait un trou pour en sortir, ce qui d'ailleurs ne nuit en rien à la germination des graines, car le trou est toujours opposé au germe.

Les Pois tardifs sont rarement attaqués par cet insecte, il est donc probable qu'il a fini sa ponte à l'époque de leur floraison; ainsi, pour éviter que les Pois hâtifs soient attaqués par les bruches, il suffirait probablement de les semer plus tard qu'on n'a l'habitude de le faire.

Conservés dans la cosse ils restent bons pendant quatre ou cinq ans.

POMMES DE TERRE (Solanum tuberosum).

Plante vivace, originaire du Pérou, dont l'introduction est attribuée à Raleigh en 1585 (1); mais ce ne fut que vers la fin du dix-huitième siècle que cette plante précieuse fut considérée comme alimentaire et cultivée en grand, grâce au zèle du célèbre Parmentier.

Chez les maraîchers de Paris on cultive la Pomme de terre Kidney ou Marjolin; on la plante sur couche et sous panneaux dans le courant de janvier. A cet effet on prépare une couche de 40 centimètres d'épaisseur, on l'entoure d'un réchaud, puis on la charge de 20 centimètres de bonne terre. On trace quatre rangs par coffre, après quoi on

(1) Nous trouvons cependant qu'en 1586 les Italiens, qui la devaient sans doute aux Espagnols, la cultivaient déjà et qu'elle servait à la nourriture des hommes et des animaux, ce qui ferait croire que Raleigh n'en a pas été le premier importateur.

plante chaque Pomme de terre à 33 centimètres de distance sur la ligne. Pendant la nuit on couvre les panneaux avec des paillassons, et l'on donne de l'air aussi souvent que possible. Par ce moyen on récolte des Pommes de terre nouvelles dans la première quinzaine de mars.

Quelques primeuristes cultivent la Pomme de terre Kidney en pots. A l'époque ci-dessus indiquée ils la plantent dans de grands pots remplis de vieille terre de bruyère ; ensuite ils placent les pots dans leur bâche à Vigne ou dans celle destinée aux Fraisiers, et tous les soins consistent à les arroser au besoin.

A Montreuil, à Bagnolet, on plante la variété ci-dessus indiquée en pleine terre, à bonne exposition, dans la seconde quinzaine de février. Après avoir bien préparé le terrain on fait des trous de 20 à 25 centimètres de profondeur et à 5o centimètres les uns des autres. Pour avancer le plus possible l'époque de la production les cultivateurs des environs de Paris font germer leurs Pommes de terre avant de les planter. Pour préparer leur semence ils achètent des bourriches aux marchandes d'huîtres de Paris. Ces bourriches sont placées en automne, pleines de Pommes de terre, dans une pièce de leur habitation. De cette manière elles germent beaucoup plus tôt, et à l'époque de la plantation elles peuvent être transportées facilement, avec tous les bourgeons qu'elles ont pu produire

Après la plantation on les recouvre légèrement, et, lorsqu'elles sont levées, on achève de remplir les trous.

Pendant le cours de leur végétation on donne

quelques binages, et l'on fait la récolte dans la première quinzaine de juin.

En laissant ressuyer ces Pommes de terre pendant quelques jours on peut en replanter dans la seconde quinzaine de juin et faire une seconde récolte dans la seconde quinzaine d'août.

En plein champ on cultive la Pomme de terre Kidney ou Marjolin, la Shaw, la Truffe d'août, la rouge longue de Hollande, la jaune longue de Hollande, la Kidney tardive ou Marjolin tardive, la Vitelotte et la Pousse-debout.

On plante les premières Pommes de terre en mars. Pour cela on fait, à environ 65 centimètres de distance les uns des autres en tous sens, des trous un peu profonds dans lesquels on plante de petits tubercules, ou des morceaux de tubercule garnis d'yeux, sur du fumier que l'on place au fond des trous ; on les recouvre légèrement de terre, et, lorsque les Pommes de terre sont levées, on donne un binage et l'on achève de remplir les trous ; puis, quand les tiges ont environ 3o centimètres de hauteur, on les butte, opération qui consiste à relever la terre autour de chaque touffe ; après quoi on donne quelques binages en attendant le moment de la récolte.

A partir de l'époque ci-dessus indiquée on peut planter les Pommes de terre d'espèce hâtive successivement jusqu'en juillet.

Après la récolte des Pommes de terre hâtives on plante des Choux de Milan, ou bien on sème des Pois Michaux qu'on récolte en vert dans le courant de septembre.

POTIRON JAUNE GROS (Cucurbita maxima).

Plante annuelle, originaire des Indes orientales, introduite dans la culture au seizième siècle.

On sème les Potirons en mars, sur couche chaude et sous panneaux; en avril on les repique en pépinière, également sur couche et sous panneaux. Quelques jours après le repiquage on commence à donner un peu d'air afin de fortifier le plant, et en mai on prépare des trous que l'on dispose de manière à ce que les Potirons soient au moins à 2 mètres les uns des autres. On remplit les trous de fumier que l'on charge d'environ 20 centimètres de terreau; puis on plante dans chaque trou un Potiron qu'on enfonce jusqu'aux cotylédons; on fait ensuite un bassin autour de chaque plant et on arrose. Au moment du soleil on les couvre avec de la litière pour favoriser la reprise, et, s'il survient de petites gelées blanches pendant la nuit, on les couvre avec des cloches.

Pendant leur végétation on les arrose abondamment; puis on les dirige sur une seule branche, et, lorsqu'ils ont environ 1 mètre 50 centimètres de longueur, on les *marcotte,* ce qui consiste à coucher les branches en terre afin qu'elles produisent des racines; de cette manière on obtient une végétation beaucoup plus vigoureuse. Dès qu'un fruit jugé digne d'être conservé est noué, on pince la branche qui le porte à deux ou trois yeux au-dessus du fruit; si l'on veut en obtenir de volumineux, on doit n'en laisser qu'un sur chaque pied. Il n'est pas rare, dans les marais de Paris, où l'eau et le fumier ne manquent jamais aux Potirons, de voir des fruits du poids de 100 kilogrammes. On commence à récolter les premiers Potirons en août, et successivement jusqu'aux gelées.

Le Potiron d'Espagne se cultive exactement de la même manière ; seulement, comme ses fruits sont beaucoup moins gros que ceux du Potiron jaune, on peut en laisser deux ou trois sur chaque pied. Récoltés avant les gelées et déposés dans un lieu sec, ils se conservent souvent jusqu'en avril.

On cultive aussi dans les marais de Paris, mais en très-petit nombre, le Giraumon-Turban, le Patisson ou Bonnet d'électeur, et la petite Courge à la moelle, etc. Ces plantes peuvent être traitées de même que les Potirons.

Graines. — Pour récolter de la graine il faut choisir le fruit le mieux fait et n'en extraire les pepins que lorsqu'il est arrivé à parfaite maturité. Elles se conservent pendant deux ans.

POURPIER DORÉ (Portulaca oleracea).

Plante annuelle, originaire des Indes et de l'Amérique, que l'on mange en salade.

On sème le Pourpier sur couche depuis janvier jusqu'en mars. La couche destinée à ce semis doit avoir 40 centimètres d'épaisseur et une chaleur de 15 à 20 degrés On entoure le coffre d'un réchaud et l'on charge la couche de 10 centimètres de terreau ; après quoi on sème sans recouvrir les graines ; il suffit de fouler un peu le terreau. Il faut environ 15 grammes de graines par coffre. Après la première ou la seconde coupe on recharge la couche de nouveau et l'on fait un second semis.

En pleine terre on sème en mai, et successivement jusque dans les premiers jours d'août; le semis a lieu à la volée ; il faut environ 30 grammes de graines par planche. On recouvre la graine d'une légère conche de terreau, et l'on bassine assidûment jusqu'à ce qu'elle soit levée. Pour avoir du Pourpier bien coloré, toujours beaucoup plus estimé que le vert, il faut, pendant l'été, le bassiner cinq ou six fois par jour, et cela au moment du soleil. Comme lorsqu'on a opéré sur couche, on retourne le semis après la première ou la seconde coupe.

Graines. — Les graines de Pourpier ne mûrissant pas toujours très-bien sous le climat de Paris, on les fait venir de la Provence ; elles se conservent pendant six ou huit ans.

RADIS (Raphanus sativus).

Plante annuelle, originaire de la Chine.

On en cultive des blancs, des roses, des violets, des jaunes et des noirs. Les Radis blancs, roses, violets et jaunes se cultivent axactement de même. On en sème presque toute l'année.

Les premiers semis ont lieu vers le 15 septembre, sur ados. S'il survient des froids pendant la nuit, on couvre le plant avec des paillassons. Ces Radis sont bons à récolter vers la fin de novembre ou le commencement de décembre.

En décembre on sème sur couche et sous panneaux ; mais à cette époque on ne fait pas de couche spéciale pour cette culture : on sème à travers d'autres plantes, telles que Laitues, Carottes, Choux-fleurs, etc. Ces Radis sont bons à récolter en février.

En février on sème encore les Radis sur couche, mais à l'air libre. Alors on prépare une couche d'environ 35 à 40 centimètres d'épaisseur, et on la charge de 10 centimètres de terreau. Si, après le semis, il survient des froids pendant la nuit, on couvre le plant avec des paillassons. Souvent on sème, avec ces Radis, des Carottes hâtives, qui leur succèdent.

De mars en août on sème les Radis en pleine terre. Il faut environ 250 grammes de graines par planche. Ils exigent pendant les chaleurs de fréquents arrosements. Dans les marais de Paris on récolte les Radis 25 ou 30 jours après le semis.

Radis noir gros. — On le sème à la volée en juin et jusque dans les premiers jours de juillet ; il faut environ 50 grammes de graines par planche.

Comme on sème presque toujours trop dru, il faut éclaircir le plant. Ceux qu'on destine à la consommation de l'hiver doivent être arrachés avant les gelées ; on coupe la fane, afin qu'ils ne repoussent pas ; puis on les met en jauge et on les couvre pendant les gelées.

Raves. — On cultive les Raves blanche, rose et violette, exactement de même que les Radis. Elles étaient autrefois beaucoup plus recherchées qu'elles ne le sont maintenant, ce qui fait que, depuis plusieurs années, presque tous les maraîchers ont abandonné la culture des Raves pour celle des Radis.

Graines. — Pour avoir des graines on sème les Radis en septembre. Dans les premiers jours de novembre on met le plant en jauge; on le recouvre de litière pendant les gelées, puis on le replante en mars, à 5o centimètres de distance; ou bien on sème en février sur couche, et l'on repique le plant en avril.

Quant aux Radis noirs, on plante en mars des racines de l'année précédente.

Les graines sont bonnes à récolter en août; elles se conservent pendant quatre ou cinq ans.

RAIFORT SAUVAGE, Cranson (Cochlearia Armoracia).

Dans certaines provinces on donne improprement au Radis noir le nom de Raifort.

Le Raifort est une plante vivace indigène, dont les racines ont une saveur extrêmement piquante; après avoir été râpées elles peuvent servir à remplacer la moutarde, ce qui fait que dans le nord de la France on le cultive sous le nom de Moutarde d'Allemagne et de Moutarde de capucin. On le multiplie de tronçons de racines, comme le font les cultivateurs de la plaine Saint-Denis qui se livrent à cette culture. On plante ces tronçons à l'automne; ensuite tous les soins se bornent à donner quelques binages. Ce n'est que la troisième année qu'on fait la récolte des racines.

RAIPONCE (Campanula Rapunculus).

Plante bisannuelle, indigène, dont la racine, charnue, tendre et d'une saveur très-douce, se mange en salade.

On sème la Raiponce à la volée, en juin et en juillet ; il faut environ 10 grammes de semence par planche. Comme la graine est extrêmement fine, il faut la mêler avec du sable ou de la terre fine et très-sèche ; sans cette précaution le semis serait inégal et trop dru. On ne recouvre pas la graine ; il suffit de passer le râteau et de fouler le terrain légèrement ; après quoi on étend sur le tout un peu de fumier long qu'on enlève aussitôt après la levée des graines, dont on favorise la germination par de fréquents bassinages. Ordinairement on sème à travers la Raiponce un peu d'Épinards ou de Radis, afin de protéger le jeune plant. C'est seulement en février que l'on commence à récolter les Raiponces ; la récolte peut s'en prolonger jusqu'à ce qu'elles montent en graine.

Graines. — On récolte la graine de Raiponce en juillet sur du plant de l'année précédente ; elle est bonne pendant cinq ans.

RHUBARBE DU NÉPAUL (Rheum australe).

On cultive la Rhubarbe dans les jardins pour le pétiole de ses feuilles, qui sert à faire d'excellentes confitures ou à remplacer les fruits que l'on met quelquefois dans les pâtisseries.

Elle se multiplie de graines semées aussitôt après la maturité, ou mieux encore par la séparation des pieds, que l'on divise au printemps, en ayant soin que chaque éclat soit muni au moins d'un germe reproducteur. Quel que soit d'ailleurs le mode de multiplication, on repique le plant à environ 1 mètre de distance. Tous les soins consistent à couper les vieilles feuilles et à donner chaque année un binage au printemps. On commence ordinairement à couper les pétioles vers la fin de mai ou au commencement de juin.

On cultive également les Rhubarbe ondulée (*R. palmatum*) et rugueuse (*R. rugosum*); mais celle du Népaul est généralement la plus estimée.

Graines. — On récolte la graine de Rhubarbe en août sur des pieds n'ayant pas moins de quatre à cinq années de plantation; elle se conserve bonne pendant trois ans.

SALSIFIS BLANC (Tragopogon porrifolium).

Plante bisannuelle, indigène.

On sème le Salsifis blanc en mars, avril et mai, en lignes ou à la volée, en terre profonde et substantielle, fumée de l'année précédente; il faut environ 350 grammes de graines par planche. Si le temps est sec on bassine assidûment le semis, afin de favoriser la levée des graines; si le plant est trop dru, on éclaircit, puis on donne quelques binages.

On commence à récolter les racines en octobre, puis successivement jusqu'au printemps. Pour n'en pas manquer en hiver on en met en jauge vers la fin de novembre, ou bien on les couvre sur place pendant les gelées.

Graines. — On récolte la graine de Salsifis blanc en juillet, sur du plant de l'année précédente ; elle ne se conserve bonne que pendant un an.

SARRIETTE DES JARDINS (Satureia hortensis).

Cette plante est employée en cuisine comme assaisonnement. On la sème au printemps ; ensuite elle se ressème tous les ans d'elle-même, sans qu'il soit nécessaire de lui donner aucun soin.

Graines. — On arrache la plante dès que ses graines commencent à entrer en maturité ; elles sont bonnes pendant trois ans.

SCORSONÈRE D'ESPAGNE ou SALSIFIS NOIR (Scorsonera Hispanica).

Sa racine est noire à l'extérieur, ce qui la distingue de celle des Salsifis.

La Scorsonère n'est pas cultivée dans les marais de Paris, mais à Aubervilliers on en sème une grande quantité. Les semis, qui ont lieu dans la seconde quinzaine de mars ou dans la première quinzaine d'avril, se font à la volée et à raison de 10 kilogrammes de graines à l'hectare. Après le semis tous les soins consistent à éclaircir le plant, à sarcler et à donner quelques binages ; puis, comme il fleurit dès la première année, lorsque ses graines sont mûres on coupe les tiges à ras terre, et la plante émet de nouvelles feuilles.

On commence à récolter les racines en octobre et successivement jusqu'au printemps ; mais, pour n'en pas manquer en hiver, on les couvre de fumier, ou bien on les arrache en novembre ou décembre pour les conserver dans les caves.

Graines. — On récolte la graine de Scorsonère en août et septembre sur du plant de l'année précédente ; elle se conserve bonne pendant deux ans.

TÉTRAGONE ÉTALÉE, Épinard d'été (Tetragonia expansa).

Plante annuelle, originaire de la Nouvelle-Zélande, introduite en 1772.

La Tétragone peut très-bien remplacer l'Épinard pendant l'été, car elle en a complétement la saveur. On la sème sur couche en février et mars, après avoir fait tremper les graines ; lorsqu'on ne craint plus les gelées, on la repique en pleine terre à environ 60 centimètres de distance. Dès que les tiges commencent à couvrir le sol on coupe les feuilles à l'extrémité des jeunes pousses.

Graines. — Les semences de Tétragone mûrissent dans le courant de l'automne ; elles se conservent pendant cinq ans.

TOMATE ou **POMME D'AMOUR** (Solanum lycopersicum).

Plante annuelle, originaire de l'Amérique méridionale, importée en Europe vers la fin du seizième siècle.

Dans les cultures de hautes primeurs on sème les premières Tomates dès le mois de septembre, en pots que l'on dépose dans la serre à Ananas ou sur une couche, pour les repiquer en janvier; mais dans les cultures ordinaires on ne sème les Tomates qu'en janvier, sur couche chaude et sous panneaux. Lorsque le plant est assez fort on le repique en pépinière, également sur couche et sous panneaux. En février ou mars on contre-plante les Tomates semées en janvier entre les Haricots de première saison, ou bien on prépare une couche de 50 centimètres d'épaisseur, dont la chaleur s'élève de 20 à 25 degrés, que l'on charge de 25 centimètres de terreau; puis on plante quatre pieds de Tomates sous chaque panneau. Après la plantation on couvre pendant la nuit les panneaux avec des paillassons. Lorsque les plantes commencent à se développer, on fait choix sur chacune de deux branches que l'on abaisse de manière à les empêcher de toucher à la surface intérieure des panneaux. Pour les maintenir dans cette position on les attache à de petits piquets qu'on enfonce dans la couche à une certaine distance du pied; puis on supprime les autres branches, et, lorsque les plantes sont suffisamment garnies de fleurs, on pince l'extrémité de celles qui ont été réservées.

A partir de cette époque on supprime avec soin tous les bourgeons qui se développent, on bassine, on donne de l'air au moment du soleil, puis on exhausse les coffres selon le besoin, et, quand les Tomates commencent à rougir, on enlève complétement les feuilles qui recouvrent les fruits, afin d'avancer leur maturité. Les fruits de première saison commencent à mûrir dès les premiers jours d'avril ; ceux des Tomates semées en janvier peuvent être récoltés en mai.

On sème encore des Tomates en mars sur couche et sous panneau. Le plant doit être, comme la première fois, repiqué en pépinière avant d'être planté définitivement en place.

Arrivé à cette époque, on peut planter les Tomates sur des couches dont les récoltes sont terminées, sans qu'il soit nécessaire de les remanier. On les plante sous des cloches que l'on dispose sur deux rangs.

On plante ordinairement sous chaque cloche une Tomate et trois Chicorées. Après la plantation on donne de l'air toutes les fois que le temps le permet, puis on enlève les cloches dès que les gelées ne sont plus à craindre. Lorsque les plantes commencent à se développer, on choisit trois ou quatre branches sur chaque pied, on les attache à un échalas, et l'on supprime les autres. Lorsqu'elles ont atteint 75 centimètres à 1 mètre de hauteur, on pince toutes les extrémités, si toutefois les plantes sont assez garnies de fleurs, car, dans le cas contraire, on ne les rabat que lorsqu'elles sont plus élevées. Comme nous l'avons indiqué précédemment, on a soin d'enlever tous les nouveaux bourgeons ; on supprime quelques feuilles, et, quand les Tomates commencent à rougir, on effeuille complétement à l'entour des fruits. Les premiers mûrissent vers le commencement de juin.

Dans la seconde quinzaine de mai on peut repiquer en pleine terre ce qui reste de Tomates semées en

mars. On trace deux rangs par planche, et l'on plante
à 80 centimètres de distance sur la ligne. On arrose abondamment pendant les chaleurs. La taille et
les autres soins à donner sont en tout semblables
à ceux précédemment indiqués. Les premiers fruits
mûrissent dès le commencement de juillet, puis successivement jusqu'en octobre.

Graines. — Pour récolter la graine de Tomates on laisse pourrir quelques fruits, on ramasse les
graines, on les lave et on les fait sécher à l'ombre ;
elles se conservent pendant cinq ans.

SERRE A LÉGUMES.

Cette serre est ordinairement placée sous l'habitation. Comme l'air ne s'y renouvelle que par la porte,
elle reste fraîche pendant l'été ; aussi dans cette saison y dépose-t-on les légumes au fur et à mesure
qu'ils sont récoltés. Mais si ce local était plus vaste
et percé de deux ouvertures opposées, de manière à
pouvoir y renouveler l'air aussi souvent qu'il est utile
de le faire, il servirait en hiver à conserver beaucoup
de légumes, tels que Carottes, Cardons, Céleris, Chicorées frisées, Scaroles, etc., qu'on placerait près à
près, les racines enterrées dans du sable, et pendant
les gelées, époque à laquelle les légumes sont toujours beaucoup plus rares, on en tirerait souvent un
parti infiniment plus avantageux qu'en les livrant à la
consommation aussitôt après la récolte.

CHAPITRE X.

De la Culture forcée des arbres fruitiers.

La culture forcée des arbres fruitiers est une source de bénéfices pour le jardinier de profession et d'agrément pour le jardinier amateur. Quoique le réseau de chemins de fer dont Paris est le centre place maintenant à la porte de la capitale les fruits du Midi, dont la maturité devance celle des fruits obtenus à l'air libre sous le climat de Paris, les fruits forcés récoltés sur des arbres cultivés dans des conditions rationnelles, avec intelligence et économie, auront toujours leur prix ; le temps employé à les produire n'est pas du temps perdu.

Pour forcer les arbres fruitiers il faut principalement avoir égard à la température sous l'influence de laquelle chaque espèce d'arbres fruitiers commence à végéter, entre en fleurs, et mûrit ses fruits, lorsqu'elle est cultivée à l'air libre. Il s'agit en effet de les faire passer par les mêmes phases de chaleur, pour obtenir dans un temps plus court leur floraison et leur fructification ; car, dans la culture forcée de même que dans la culture à l'air libre, les arbres fruitiers ne peuvent porter fruit qu'après avoir parcouru le cercle entier de leur végétation annuelle.

On se sert à cet effet de bâches et de serres à forcer, proprement dites *serres mobiles*. Lorsqu'on se propose de soumettre à la culture forcée les arbres fruitiers d'un espalier, on élève au-devant de ces arbres, par les moyens que nous allons indiquer, une serre mobile. Le corps de la serre se compose de panneaux vitrés supportés par des chevrons dont l'extrémité supérieure est scellée dans le mur ; le haut des panneaux est fixé à une traverse qui règne sur toute la longueur du sommet du mur ; leur extrémité inférieure repose sur une planche clouée sur champ contre les poteaux qui servent de support aux chevrons.

Les deux bouts de cette serre, dont la longueur est indéterminée, doivent être fermés avec des planches. La porte est pratiquée dans celle de ces extrémités qui regarde l'exposition la plus favorable, afin que, chaque fois qu'on doit l'ouvrir, l'air froid du dehors ne puisse pénétrer dans la serre. On prévient avec encore plus de certitude ces refroidissements accidentels en terminant la serre, du côté où est la porte, par un petit vestibule en planches ; on n'ouvre la porte de la serre que quand celle du vestibule est refermée, ce qui rend impossible l'introduction de l'air froid.

Bâche. — La bâche est une sorte de serre économique employée spécialement pour forcer la Vigne. Elle consiste ordinairement en un coffre de 80 centimètres de largeur sur 1 mètre 33 cent. de hauteur à

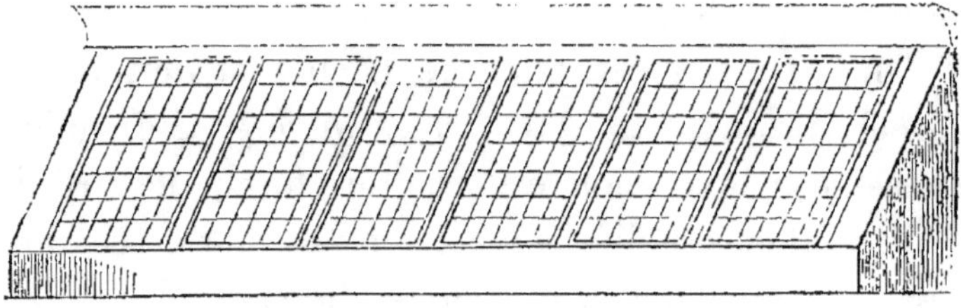

Figure 7. — Serre à forcer.

sa partie postérieure et 33 cent. seulement sur le devant. L'écartement est maintenu par des barres assemblées à queue d'aronde par le haut et par le bas. Ces barres sont disposées de manière à ce qu'elles puissent servir de support aux panneaux.

Serre à forcer. — Les deux genres de constructions qui viennent d'être indiqués pour forcer les arbres fruitiers ne se recommandent que par leur bon marché; aussi sont-ils principalement employés par les jardiniers de profession, qui pratiquent la culture forcée des arbres fruitiers dans le but d'en vendre les produits. Ceux à qui leur position permet de n'être point arrêtés par les considérations d'argent peuvent remplacer avec avantage la serre mobile ainsi que la bâche par une véritable serre à forcer d'une construction élégante, en fer et en maçonnerie. Ce genre de serre n'est applicable à la culture forcée des arbres fruitiers que quand on n'est pas dans la nécessité de compter sur les produits de cette culture pour couvrir les frais de leur construction et de leur entretien.

Dans tous les cas, la serre mobile, la bâche ou la serre à forcer ont également besoin d'un appareil de chauffage qui produise la chaleur artificielle nécessaire. De nos jours l'ancien système de chauffage par des fourneaux et des conduits de chaleur a été complétement abandonné, et remplacé par le thermosiphon, appareil qui opère le chauffage par la circulation de l'eau bouillante. Le grand avantage du thermosiphon pour la production de la chaleur artificielle, comparativement aux autres systèmes, c'est d'ôter au jardinier toute crainte d'un refroidissement subit; si par mégarde il laisse éteindre le feu, plusieurs heures se passeront avant que la température baisse sensiblement à l'intérieur de la serre. Avec le thermosiphon la température se règle facilement et à volonté; les coups de feu, quelquefois aussi dangereux que les refroidissements, ne sont plus à redouter. En un mot, bien qu'il exige des frais assez notables de premier établissement, il y a tout à gagner à adopter le thermosiphon pour la culture forcée des arbres fruitiers.

Les arbres qu'on soumet le plus habituellement et avec le plus d'avantage à la culture forcée sont le Pêcher, la Vigne, le Prunier, le Cerisier, le Figuier et le Groseiller à grappes.

Pêcher. — Les Pêchers en espalier dont il est le plus facile d'obtenir des fruits mûrs avant l'époque naturelle de leur maturité à l'air libre sont ceux qu'appartiennent aux espèces les plus précoces; la

Pêche grosse mignonne est l'une des plus recommandables. Ces Pêchers doivent être vigoureux, et avoir au moins cinq ou six années de plantation.

L'opération commence vers le milieu de janvier. Les Pêchers sont d'abord taillés selon la méthode ordinaire pour la taille d'hiver ; puis on les soumet à une température de 12 degrés, qu'on élève progressivement jusqu'à 18, sans jamais dépasser ce dernier point.

L'ébourgeonnement et le palissage des Pêchers forcés doivent être pratiqués en temps opportun, à mesure que l'état de leur végétation paraît l'exiger, en leur appliquant les mêmes principes qu'aux Pêchers cultivés à l'air libre. Comme, au moment de la floraison, ils se trouvent dans les conditions les plus favorables, le plus grand nombre des fleurs noue, de sorte que les Pêches y sont beaucoup trop nombreuses ; si on les laissait toutes parvenir à maturité, elles n'auraient ni leur volume normal, ni les qualités propres à leur espèce, et le Pêcher serait épuisé et ruiné pour longtemps, sinon pour toujours. Dans le courant d'avril, c'est-à-dire quand les Pêches forcées sont toutes arrivées à maturité, on enlève les panneaux de la serre.

L'usage ordinaire est de ne pas forcer tous les ans les Pêchers en espalier cultivés en serre ; on ne les chauffe le plus souvent qu'après un intervalle de repos d'un an ou deux. Cependant l'expérience a démontré depuis longtemps qu'il n'y a aucun inconvénient à chauffer le Pêcher tous les ans, pourvu qu'on ne lui laisse pas porter trop de fruits.

Vigne. — La Vigne qu'on se propose de chauffer doit être préparée par plusieurs années de culture préalable ; elle doit être cultivée en espalier ou en contre-espalier, comme on le fait à Thomery. Les jeunes ceps de quatre à cinq ans des variétés nommées Chasselas, Gros-Coulard, Chasselas de Fontainebleau et Frankental, sont les plus avantageux à forcer. On ne doit pas les chauffer tous à la fois lorsqu'on pratique cette culture assez en grand.

Après avoir donné la taille d'hiver à la Vigne que l'on veut chauffer, on pose les panneaux en décembre pour la première saison, en janvier pour la seconde et en février pour la troisième ; puis on commence à chauffer de la manière suivante. Depuis le début jusqu'à ce que la Vigne entre franchement en végétation on entretient une température de 15 à 18 degrés. A partir de ce moment on peut élever la chaleur jusqu'à 20 ou 22 degrés, ce qui favorise le développement des grappes. Quand la Vigne est en fleurs on élève la température jusqu'à 30 degrés, et l'on maintient cette chaleur tant que les grains de Raisin ne sont pas bien formés ; une fois qu'ils le sont, la chaleur est diminuée graduellement et ramenée entre 15 et 20 degrés, point auquel elle doit rester jusqu'à la maturité du Raisin. On compte en moyenne un intervalle de quatre mois et demi depuis le moment où l'on a commencé à chauffer la Vigne jusqu'à celui où les Raisins sont bons à récolter.

La culture de la Vigne forcée, quant au palissage et à l'ébourgeonnement, est la même que celle de la Vigne à l'air libre. Dans la serre à forcer la Vigne peut prendre un développement extraordi-

naire ; on en voit en Angleterre un exemple très-re-
marquable dans la Vigne de Hampton-Court, plantée
en 1768. Cette Vigne, conduite sur des fils de fer le
long des vitraux, couvre un espace de 2,200 pieds
anglais (670^m,54).

En Belgique la Vigne est fréquemment forcée
dans une serre tempérée ordinaire, où elle est palis-
sée contre les vitraux, comme en Angleterre, tandis
que le reste de la serre est consacré à la culture des
plantes d'ornement. Dans ce cas les ceps sont ordinairement plantés hors de la serre, dans une plate-bande
dont la terre a été convenablement amendée ; ils
pénètrent dans la serre par des ouvertures préparées
à cet effet. Par ce moyen on obtient sans frais des
Raisins bons à récolter peu de temps après ceux que
produit la culture forcée. Depuis quelques années
on prépare pour les chauffer des ceps de Vigne cultivés dans des pots plus profonds que larges, et taillés
de façon à les rendre très-productifs dès leur quatrième
ou cinquième année. Ces ceps chargent beaucoup,
tiennent peu de place, et peuvent être retirés de la
serre quand ils ont donné leur récolte, prêts à en
donner une semblable, soit l'année suivante, soit
après une année de culture à l'air libre, à titre de
repos. Cette manière d'obtenir une petite quantité de
très-bon Raisin à peu de frais convient surtout aux
amateurs qui ne disposent que d'un petit espace pour
la culture forcée de la Vigne, dans une serre cons-
truite principalement en vue d'y cultiver des végétaux d'ornement.

Prunier. —Les Pruniers de Mirabelle et de Monsieur hâtif sont ceux qui se prêtent le mieux à la culture forcée. Dans ce but on prépare d'avance des Pruniers de ces deux espèces, qu'on cultive dans de grands pots et que l'on conduit sous forme de petites quenouilles. Ces arbres nains doivent être en pot depuis un an au moins lorsqu'on commence à les chauffer. On les place au mois de janvier dans une serre à forcer chauffée à 12 degrés, dont la température est portée progressivement à 15 et 18 degrés; les Prunes sont mûres dans les premiers jours de mai. Les mêmes Pruniers peuvent être chauffés plusieurs années de suite sans devenir moins productifs et sans què leur fruit perde rien de sa qualité.

Cerisier. — On avance la maturité des Cerisiers cultivés en espalier en les chauffant dans la serre mobile, par la méthode ci-dessus décrite pour chauffer en place le Pêcher en espalier; mais la manière la plus agréable d'obtenir des Cerises forcées, c'est de chauffer des Cerisiers nains, greffés sur sujets de Sainte-Lucie et cultivés en pots comme les Pruniers nains qu'on se propose de forcer. Ces arbres, qu'il faut diriger en petites quenouilles, deviennent excessivement productifs. La Cerise anglaise et la Cerise royale sont les meilleures pour la culture forcée. Les jeunes Cerisiers sont d'abord plantés dans des pots qu'on enterre dans une plate-bande, au pied d'un mur à bonne exposition; ils doivent y passer un an. L'année suivante, au mois de janvier, on place les pots dans une serre chauffée seulement de 12 à 15 degrés; on obtient, sans dépasser cette dernière température, des Cerises mûres au commencement

d'avril. De même que les Pruniers, les Cerisiers cultivés dans des pots peuvent être, sans aucun inconvénient, forcés plusieurs années de suite.

Figuier. — On chauffe le Figuier soit en place,
en posant sur le terrain qu'il occupe une bâche analogue à celle où l'on force la Vigne, soit dans la serre
à forcer, lorsqu'il est cultivé en pots. On donne d'a-
bord au Figuier une température de 15 degrés,
qu'on élève progressivement jusqu'à 25. Les Figues
forcées sont mûres dans les premiers jours de mai.
Les Figuiers peuvent sans difficulté être chauffés
plusieurs années de suite.

Groseiller à grappe. — La manière de chauffer le
Groseiller à grappe est exactement la même que celle
que nous avons indiquée pour le Cerisier. Si l'on commence à le forcer en janvier, on a des Groseilles
parfaitement mûres dès la fin d'avril. Rien n'est plus
agréable pour les convives que de voir figurer au dessert, non pas des assiettes de fruits forcés, mais bien
des Groseillers, des Cerisiers, des Pruniers chargés
de fruits mûrs longtemps avant l'époque de leur maturité naturelle. Les domestiques présentent ces char-
mants arbustes aux dames, qui récoltent elles-mê-
mes la partie la meilleure du dessert en cette saison.

Soins généraux. — Pour récompenser par des
produits abondants et de bonne qualité les travaux
du jardinier, la culture forcée des arbres fruitiers
demande des soins assidus et judicieux. Pour entretenir dans l'intérieur de la serre à forcer une humidité favorable à la végétation, toute la surface des
arbres forcés doit recevoir des bassinages fréquents,

surtout après la floraison. Ces bassinages, donnés avec une pompe-seringue, produisent sur les arbres chauffés l'effet d'une ondée de pluie très-divisée. Pour que cette pluie soit aussi bienfaisante qu'elle peut l'être, il faut que l'eau ainsi répandue ait séjourné d'avance dans la serre et assez longtemps pour en prendre la température. Cette règle ne comporte qu'une exception, qui doit être signalée. Si, par un oubli de la personne chargée d'entretenir le feu dans le foyer du thermosiphon ou par un abaissement brusque de la température extérieure, le froid vient à pénétrer dans la serre à forcer, et que les arbres aient reçu ce qu'on appelle un coup de gelée, il ne faut pas les considérer comme perdus, surtout si l'on s'en aperçoit alors que le mal est récent et qu'il n'a fait encore que peu de ravages. Au lieu de chauffer immédiatement, ce qui rendrait inévitable la mort des arbres atteints par la gelée, on porte seulement la température intérieure de la serre *à quelques degrés au-dessus de zéro*, et l'on donne un bassinage avec de l'eau aussi froide que possible. La chaleur, ramenée peu à peu au point où elle était avant l'accident, peut rétablir les arbres, et le mal se borne à quelques jours de retard pour la maturité des fruits forcés.

Comme il importe que, dans la serre à forcer, la chaleur soit aussi égale que possible, la nuit comme le jour, on couvre pendant la nuit les vitraux de la serre avec des paillassons qu'on enlève pendant le jour.

Pour bien gouverner une serre à forcer il faut savoir exactement, à un moment donné, le degré de chaleur qui y règne. On suspend, à cet effet, un bon thermomètre à chaque bout de la serre, afin de maintenir la température la plus favorable aux arbres forcés, selon l'état plus ou moins avancé de leur végétation.

L'excès de chaleur n'étant pas moins à craindre que le refroidissement pour les arbres forcés, il faut toujours avoir sous la main des toiles ou des paillassons que l'on puisse étendre sur les vitraux de la serre : car il peut arriver qu'en février et mars le soleil, vers le milieu de la journée, soit déjà fort chaud, et qu'il puisse causer un coup de chaleur trop violent à l'intérieur de la serre. Au besoin il faut aussi soulever un ou plusieurs panneaux, afin de laisser pénétrer l'air extérieur dans la serre, les arbres forcés ne devant avoir ni trop chaud ni trop froid.

Quelquefois les pucerons et les théridions (fausse araignée) se multiplient dans la serre à forcer avec une rapidité désolante ; on s'en débarrasse par de fortes fumigations données avec le tabac à fumer, dit tabac de caporal.

Dans les serres spécialement consacrées à la culture forcée de la Vigne, l'Oïdium, ce fléau qui a causé dans les vignobles de si cruels ravages, se montre assez souvent ; dès qu'on en aperçoit la plus légère trace il faut sans retard humecter la surface de la Vigne par un léger bassinage ; puis, à l'aide d'une houppe ou d'un soufflet approprié à cet usage, répandre de la fleur de soufre, sans en ménager la dose. Le mal ainsi combattu dès sa naissance ne fait plus de progrès.

Si les arbres fruitiers qu'on peut forcer avec avantage ne sont pas sujets, comme la Vigne, à être envahis par l'Oïdium, tous ont besoin d'être le plus souvent possible bassinés, nettoyés et débarrassés des insectes, car il ne faut attendre aucun succès de la culture forcée des arbres fruitiers si, dans l'intérieur de la serre à forcer, on ne fait en sorte qu'il règne en tout temps la plus minutieuse propreté.

CHAPITRE XI.

De l'altération des cultures par les insectes ou par toute autre cause.

Araignées.

Si la grosse araignée des jardins (l'*épeire*), qui tend
ses rets en automne, est inoffensive, il n'en est pas
de même des petits théridions qui courent rapidement
sur le sol ; ils attaquent les jeunes semis, particulièrement ceux de Carottes, en piquent la tige, en su-
cent la séve, et les font périr. On les éloigne en ré-
pandant sur le sol de la suie ou de la chaux vive
réduite en poudre, ou, quand la température le permet, par de fréquents bassinages.

Acarus (*vulgairement* la GRISE).

L'acarus attaque particulièrement les Melons et les
Haricots ; il s'attache sous les feuilles, pique le paren-
chyme pour sucer la séve, et, malgré sa petitesse,
il est tellement multiplié qu'il finit par dessécher les

végétaux qu'il attaque. On ne connaît encore aucun moyen de détruire cet insecte.

Chenilles.

Plusieurs espèces de chenilles dévorent les plantes potagères. Nous n'en donnerons pas les noms scientifiques, qui conviennent peu dans un ouvrage pratique et n'apprennent rien sur la manière de les détruire. Elles se tiennent cachées sous les feuilles des plantes ou dans le sein de la terre. Jusqu'à ce jour on s'est à peu près borné à les chercher, puis à les écraser; mais M. le docteur Bailly affirme qu'on peut facilement les détruire, lorsqu'elles sont rassemblées, en les aspergeant, à l'aide d'un petit balai, avec de l'eau mêlée d'un peu de savon noir. Il paraît qu'aussitôt touchées elles sont instantanément frappées de mort; il avance même que l'acide prussique n'agit pas avec plus de promptitude.

Nous pensons que ce moyen peut être avantageusement employé pour détruire celles qui attaquent les gros légumes; seulement il faudrait, après l'opération, laver les plantes à grande eau. Quant à celles qui se réfugient dans les plus profonds replis des Choux, ou qui, cachées dans la terre, n'apparaissent qu'isolément et exercent leurs ravages à la faveur des ténèbres, elles ne peuvent être détruites par aucun moyen, si ce n'est par une recherche active et répétée des larves. Le meilleur moyen pour en diminuer le nombre serait de faire une chasse minutieuse aux papillons.

Cochenille.

Les Ananas sont souvent attaqués par une cochenille vulgairement appelée le *pou*. Cet insecte s'attache aux feuilles, et il est d'autant plus difficile à détruire qu'il se place de préférence au bas des feuilles intérieures.

Le seul moyen employé par les horticulteurs pour le détruire consiste à écraser tous ceux qu'ils peuvent atteindre avec un petit bâton plat arrondi par un bout; puis on passe légèrement sur les feuilles attaquées une petite brosse imbibée d'une légère eau de savon noir, ce qui permet d'atteindre ceux qui se trouvent à la base des feuilles; après l'opération on lave les plantes à grande eau.

Mais, comme le savon n'empêche pas l'éclosion des œufs, il faut avoir soin de détruire les jeunes insectes aussitôt qu'ils sont éclos, car ils se propagent très-promptement. Ce travail étant excessivement long et difficile, il est préférable, au lieu d'entreprendre de nettoyer toutes les plantes attaquées par les cochenilles, de faire choix d'un petit nombre de pieds, de les nettoyer à fond, et de les tenir à part jusqu'à ce qu'ils aient produit le nombre d'œilletons dont on a besoin, et, aussitôt que les autres plantes ont donné leurs fruits, on les détruit, ainsi que les œilletons.

Courtillières.

Ces insectes, fort gros, et par conséquent faciles à découvrir, font de grands ravages parmi les plantes potagères, et plus particulièrement parmi celles cultivées sur couche. Les principaux moyens de destruction indiqués sont d'arroser la terre avec une eau chargée de savon noir ou d'huile ; de planter en terre, dans la direction des galeries des courtillières, des pots à demi pleins d'eau, afin de les y noyer.

Criocère.

La criocère est un insecte qui ronge les Asperges. Pour le détruire il faut chercher ses œufs, qu'il dépose sur les tiges, et les écraser. Rien de plus facile que la destruction de l'insecte parfait, qui est de la grosseur d'une mouche, et qui ne s'envole pas quand on cherche à le prendre, mais se laisse tomber à terre.

Fourmis.

Ces petits insectes nuisent aux semis en soulevant la terre, dans laquelle ils font leur demeure. On peut les détruire, comme les courtillières, avec de l'eau mêlée de savon noir ou d'huile. Il est probable aussi que l'abondance des arrosements les éloigne, car ce n'est que très-rarement qu'on a lieu de s'en plaindre dans les jardins maraîchers.

Limaçons (Hélices *jardinières*).

Pour s'en débarrasser on n'a rien de mieux à faire que de les ramasser à mesure qu'on les rencontre, surtout le matin ou après la pluie. On doit aussi, chaque fois que l'on rencontre des œufs, les détruire avec soin.

Limaces *ou* Buhottes.

Elles font beaucoup de tort aux végétaux, qu'elles dévorent avec une incroyable voracité.

Le meilleur moyen de les détruire est, sans contredit, l'emploi de la chaux (hydratée ou réduite en poudre). Pour la répandre on se place sous le vent, et on la jette à la main en rasant le sol aussi vivement et aussi régulièrement que possible, afin de la répandre bien également.

Lombrics (VERS *de terre*).

Comme les lombrics ne font d'autre tort aux plantes que de soulever la terre pour creuser leurs galeries, on se préoccupe peu du moyen de les détruire. Généralement on se contente de les ramasser en labourant, pour les donner à la volaille.

Perce-oreilles *ou* Forficules.

Ces insectes rongent les feuilles des végétaux ; ils n'exercent leurs ravages que pendant la nuit et restent cachés le jour. Pour en prendre un grand nombre il suffit de leur ménager un abri. Le moyen le plus simple consiste à placer sur des bâtons de petits pots à fleurs renversés, au fond desquels on met un peu de mousse ; on visite les piéges tous les matins, et, pour détruire les perce-oreilles qui s'y sont réfugiés, on les plonge dans un baquet plein d'eau.

Pucerons.

Les pucerons, dont on connaît un grand nombre d'espèces, s'attaquent à presque toutes les plantes potagères, et l'on ne peut guère les détruire que sur celles cultivées sous cloches et sous panneaux, au moyen de fumigations de tabac. Cependant M. Gontier nous a dit avoir complétement détruit les pucerons qui attaquent les Choux-fleurs, et qu'on nomme vulgairement *le plâtre*, *le meunier*, etc., en lavant les plantes avec une légère eau de savon noir.

Tiquets (Altise *bleue*).

Ces petits insectes sont d'une agilité extrême et échappent par un bond à la main qui veut les saisir. Ils font des ravages considérables dans les semis de Choux, Radis, Navets, etc. On n'a guère de moyens de les détruire, mais on les éloigne en arrosant les végétaux avec une décoction de Tabac ou de plantes âcres.

Vers blancs (*larves du* Hanneton).

Ces insectes, cachés sous le sol, rongent les racines des plantes et causent de grands ravages dans les jardins. Malheureusement on ne s'aperçoit de leur présence que quand le mal est irréparable. Si l'on veut soustraire quelques plantations à leur voracité, il faut planter des Laitues, dont ils sont très-friands, entre les plantes à la conservation desquelles on tient.

Dès que l'on voit les feuilles d'une plante se flétrir, si l'on fouille au pied, on est sûr d'y trouver un ou plusieurs vers blancs.

En attendant que les entomologistes nous indiquent un meilleur moyen, il faut, chaque fois qu'on laboure, avoir soin de détruire les vers blancs, et au printemps poursuivre les hannetons aussitôt qu'ils paraissent, afin de prévenir leur multiplication.

OBSERVATIONS MÉTÉOROLOGIQUES.

Indépendamment des ravages occasionnés par les insectes dont nous venons de parler, l'humidité froide, la gelée, le grand vent et les orages sont encore préjudiciables aux cultures maraîchères et causent souvent des pertes considérables.

Quoiqu'il ne soit pas toujours possible de les en garantir, on peut souvent, en s'y prenant en temps utile, se mettre en mesure d'en atténuer les effets. C'est pourquoi tous les horticulteurs devraient avoir un baromètre à cuvette, afin de le consulter au besoin (1).

---

(1) *Pronostics par le baromètre.* — Le mercure qui monte ou descend beaucoup annonce un changement de temps.

La descente du mercure n'annonce pas toujours de la pluie, mais du vent.

Le mercure descend plus ou moins suivant la nature des vents. Le mercure monte plus généralement lorsque le vent est nord-ouest, nord et nord-est, qu'en tout autre temps.

Lorsqu'il règne deux vents en même temps, l'un près de terre et l'autre dans la région supérieure de l'atmosphère, si le vent le plus haut est nord et que le vent bas soit sud, il survient quelquefois de la pluie, quoique le baromètre soit alors fort haut. Si, au

Il est vrai qu'à défaut d'instruments beaucoup d'entre eux font des observations météorologiques qui les trompent rarement.

Comme la connaissance de ces observations peut être très-utile à tous les horticulteurs, nous indiquerons les plus accréditées.

Humidité.

En automne et en hiver l'humidité est funeste aux plantes, particulièrement à celles cultivées sous cloche ou sous panneaux; elle est beaucoup plus à craindre que la gelée, car il est plus difficile de s'en garantir quand il n'y a pas de soleil. Dans ce cas, le seul moyen est de renouveler l'air chaque fois que le temps le permet.

Gelée.

Comme la gelée peut en fort peu de temps causer

contraire, c'est le vent du sud qui est le plus élevé et le vent du nord le plus bas, il ne pleuvra pas; quoique le baromètre soit très-bas.

Pour peu que le baromètre monte et continue à s'élever après ou pendant une pluie abondante et longue, il y aura du beau temps.

Le mercure qui descend beaucoup, mais avec lenteur, indique continuation de temps mauvais ou inconstant; quand il monte beaucoup et lentement, il présage la continuation du beau temps.

Le mercure qui monte beaucoup et avec promptitude annonce que le beau temps sera de courte durée; quand il descend beaucoup et promptement, c'est une indication pareille pour le mauvais temps.

Quand le mercure reste un peu au temps variable, le ciel n'est ni serein ni pluvieux, il ne fait ni beau ni mauvais temps; mais alors, pour peu que le mercure descende, il annonce de la pluie ou du vent. Si, au contraire, il monte, ne fût-ce que de très-peu, on a lieu d'espérer du beau temps. (*Bon Jardinier*, p. 46.)

des pertes considérables, il faut, dès le mois de novembre, être en mesure de s'en garantir, c'est-à-dire avoir une quantité suffisante de paillassons, un bon tas de fumier sec, et surveiller avec soin l'approche du froid.

L'arrivée des oiseaux de passage dans nos climats est généralement regardée comme un indice de froid.

En automne les brouillards peuvent être considérés comme les avant-coureurs des premières gelées.

Lorsque la lumière des étoiles est très-vive et que ces astres scintillent uniformément et paraissent très-nombreux, c'est un signe de grand froid. Il en est de même quand la flamme du foyer est droite et tranquille.

Quand, après plusieurs jours de gelée, le froid devient plus intense, c'est le signal d'un dégel prochain.

Le même phénomène est prochain lorsque les murs se couvrent d'humidité et que les bois se gonflent.

Si le dégel est rapide, il faut se tenir sur ses gardes, car il est presque certain qu'on aura prochainement une recrudescence de froid.

Vent.

A l'époque de l'équinoxe les vents sont impétueux et peuvent causer des pertes irréparables; il faut se tenir en garde contre leurs effets désastreux, car plus d'une fois des cloches et des panneaux ont été enlevés et brisés par le vent.

On peut s'attendre à éprouver de grands vents :

Lorsqu'en été les nuages sont moutonnés, c'est-à-dire réunis en petits flocons blancs imitant la laine des moutons;

Quand les vents changent souvent de direction, et lorsqu'au coucher du soleil le ciel est d'un rouge vif intense ou brumeux;

Quand le feu pétille, que la braise est plus ardente et la flamme plus agitée.

Le tonnerre du matin est encore un signe de vent

Orage.

Comme, pendant l'été, les pluies d'orage sont souvent mêlées d'une plus ou moins grande quantité de grêle, il faut avoir soin, dès l'approche de l'orage, de couvrir avec des paillassons les cloches et les panneaux, ainsi que tout ce qu'il est nécessaire de garantir. Or il est facile de prévoir un orage lorsque l'air est lourd, que les mouches piquent et deviennent plus importunes que de coutume, que le tonnerre gronde sourdement, et que les nuages s'accumulent en masse noire et compacte. Si une partie de ces nuages est jaunâtre ou de couleur grise, c'est un signe certain de grêle; il faut alors redoubler d'activité pour en prévenir les effets désastreux.

MALADIES DES PLANTES POTAGÈRES.

La connaissance des maladies qui attaquent les plantes potagères est d'une bien minime importance pour le maraîcher, car rarement on y peut porter remède, et la nature seule doit amener la guérison.

Chaque fois qu'un végétal se trouve dans un état pathologique par suite d'influences ambiantes défavorables qui ont développé en lui un état morbide, et que ses tissus ne jouissent plus d'assez d'énergie vitale pour lutter contre le mal, la désorganisation commence, et l'unique moyen de guérison est un redoublement de soins pour rendre au végétal sa vigueur première.

Les parasites qui croissent sur les végétaux malades ne sont pas la cause du mal, ils en sont tout simplement l'effet. A quoi bon alors savoir que le *Puccinia Asparagi* croît sur l'Asperge, le *Sclerotium varium* sur le Chou, plusieurs espèces d'*Uredo* sur le Céleri, le Haricot, la Pimprenelle et le Poireau, le *Botrytis effusa* sur l'Épinard, le *Fusiporium* sur le Melon, l'*Acrosporium monilioides* sur l'Oignon, et l'*Erisiphe communis* sur les Pois, etc.? Ce sont, nous le répétons encore, des effets, et non des causes.

Dans les saisons froides et humides, à des expositions défavorables, par suite de l'absence de soins et de précautions, les végétaux souffrent et tombent malades. Le maraîcher, ayant à sa disposition de l'eau, du fumier, des abris, peut prévenir tout ce mal, qu'il ne réparera pas une fois qu'il existera.

CHAPITRE XII.

Calendrier du maraîcher.

Le mois d'août est véritablement le premier mois
de l'année horticole; car en commençant l'année
en janvier on laisse nécessairement en arrière toute
une série d'opérations entamées.

C'est au mois d'août qu'on fait les premiers semis;
puis viennent naturellement les opérations qui en sont
la conséquence. A partir de ce moment on continue
successivement, pour ne terminer qu'en juillet. C'est
pourquoi, en agissant autrement, comme nous l'avons
dit, on sépare les travaux d'automne de ceux du
printemps, avec lesquels ils sont intimement liés,
puisqu'ils en sont la préparation nécessaire.

Lorsque nous vîmes que la Société royale d'Agriculture avait adopté cette disposition dans son programme, nous éprouvâmes quelque satisfaction, car
ce fut pour nous une occasion de reconnaître que

nous avions eu raison de procéder ainsi précédemment.

Nous allons maintenant non-seulement indiquer les travaux propres à chaque mois, mais encore la hauteur du baromètre, la température mensuelle (pour obtenir une moyenne convenable nous avons pris vingt et une années d'observations, afin de présenter un résultat qui ne soit pas le produit de causes accidentelles), la quantité mensuelle de pluie et l'état de l'hygromètre (1). Les variations de l'atmosphère ont une telle influence sur les opérations horticoles que nous avons pensé qu'il serait utile de mettre ces renseignements en tête de chaque mois, de manière que l'on puisse les consulter au besoin. Nous indiquerons aussi les variations atmosphériques qui ont lieu, année moyenne, sous le climat de Paris.

Ainsi l'on compte par an (2) :

<pre>
182 jours de ciel couvert,
184   —   nuageux,
142   —   de pluie,
 58   —   de gelée,
180   —   de brouillard,
 12   —   de neige,
  9   —   de grêle,
 14   —   de tonnerre.
</pre>

(1) Nous avons puisé ces renseignements dans les ouvrages suivants : BOUVARD, *Observations météorologiques faites à l'Observatoire de Paris de 1816 à 1827.* — *Mémoires de l'Académie royale*, Paris, vol. VII, p. 267, 1828. — EISENROHR (O.), *Recherches sur le climat de Paris.* — POGGEND., *Annalen der Physick and Chemie*, LX, 161, 1843.

(2) On ne doit point s'étonner de ne pas trouver dans ce calcul

Le vent souffle

> 63 jours du sud,
> 67 — du sud-ouest,
> 70 — de l'est,
> 32 — du nord-ouest,
> 45 — du nord,
> 40 — du nord-est,
> 23 — de l'est et du sud-est.

La direction des vents influe beaucoup sur la hauteur du baromètre et le fait en moyenne varier de 782 millimètres. Nous ne donnerons pas ici le tableau de ces variations, qui n'a qu'un pur intérêt scientifique. Il n'en est pas de même des autres renseignements que nous mettons en tête de chaque mois, et qui sont véritablement pratiques.

AOUT.

Hauteur moyenne du baromètre, 756 mill. 380.
Température moyenne, maximum $+ 21°,20$.
minimum $+ 16°,46$.
Quantité de pluie, 48 mill. 59.
État de l'hygromètre, 70° 5.

Pendant ce mois on donne les soins nécessaires aux semis et aux plantations qui ont été faites antérieurement, soit en pleine terre, soit sur couche, et qui consistent en binages, sarclages et arrosements ; puis

un total de 365 jours, ces indications ne portant que sur l'apparition plus ou moins prolongée du phénomène météorologique.

19.

on recueille une partie du fruit des travaux de l'année précédente.

On commence à faire les premiers semis, et à partir de cette époque les opérations se succèdent sans interruption.

Couches.

Les couches sont peu nécessaires dans le courant de ce mois ; cependant, pour utiliser celles du printemps, aussitôt que les Melons sont récoltés on plante deux rangs de Choux-fleurs sur chacune. On commence à préparer le fumier pour dresser les premières meules à Champignons.

Pleine terre.

Dans la première quinzaine on sème l'Oignon blanc destiné à être repiqué en octobre, et vers la fin du mois on sème celui qu'on veut repiquer en mars ; puis, de la Saint-Louis à la Notre-Dame de septembre (c'est-à-dire du 25 août au 15 septembre), on sème les Choux d'York, cœur-de-bœuf et pain-de-sucre, et l'on fait les dernières plantations de Céleri et de Chicorée.

Dans la seconde quinzaine on sème des Épinards et des Mâches pour l'automne, puis des Laitues gottes à repiquer sur couches après d'autres cultures.

Vers la fin du mois ou au commencement de septembre on récolte les Oignons rouge et jaune. Après les avoir arrachés on les laisse sur le terrain pendant quelques jours pour qu'ils achèvent de mûrir ; après quoi on les dépose dans un grenier.

On plante les Oignons blancs pour graine. C'est aussi l'époque de multiplier le Cresson de fontaine par boutures ; elles reprennent avec une telle facilité qu'il suffit de les placer sur un sol humide. Au bout de peu de temps les tiges couvrent complétement la terre.

Pendant ce mois on récolte les graines de Carotte, Ciboule, Laitue, Romaine, Oignon, Panais, Persil, Poireau, Radis, Raiponce, Angélique, Perce-pierre.

SEPTEMBRE.

Hauteur moyenne du baromètre, 756 mill. 399.
Température moyenne, maximum + 17°,87.
minimum + 13°,74.
Quantité de pluie, 57 mill. 26.
État de l'hygromètre, 75° 2.

Couches.

On commence à établir des meules à Champignons. On relève les Ananas plantés sur couche en mai et on les plante en pots après avoir supprimé les racines. On sème de la Chicorée fine pour la repiquer sur terre, mais sous cloche ou sous panneaux, et, vers la fin du mois ou au commencement d'octobre, on sème des Radis sur ados.

On pose des coffres sur de vieilles couches à Melons ; on les recharge de terreau pour planter de la

Laitue gotte, qu'on ne recouvre de panneaux que lorsqu'il gèle. On donne autant d'air que possible, afin d'éviter l'humidité; avec des soins on peut en conserver jusqu'en décembre.

Pleine terre.

Comme pendant ce mois la chaleur a diminué, les arrosements doivent être moins fréquents et n'avoir lieu que le matin ou dans le courant de la journée; car, à cause de la fraîcheur des nuits, on doit cesser ceux du soir.

Dans les premiers jours du mois on sème les derniers Navets, des Carottes hâtives, des Choux-fleurs pour repiquer sur ados, et l'on continue les semis d'Épinards, de Mâches et de Cerfeuil.

On repique les Choux en pépinière. On plante les Poireaux semés en juillet. C'est aussi l'époque de repiquer les Ciboules pour graines.

On commence à empailler les Cardons et le Céleri qu'on veut faire blanchir. Dans la seconde quinzaine on sème les Épinards destinés à être récoltés en janvier; on sème aussi immédiatement en place des Poireaux. Vers la fin du mois on plante, soit en pots, soit par planches, les Fraisiers que l'on se propose de forcer.

Pendant ce mois on récolte les graines de Cardon, Céleri, Chicorée frisée, Scarole, Chicorée sauvage, Arroche, Pimprenelle, Poirée, Betterave, et, vers la fin du mois, celle de Choux-fleurs.

OCTOBRE.

Hauteur moyenne du baromètre, 754 mill. 465.
Température moyenne, maximum + 14°,73.
                      minimum + 9°,46.
Quantité de pluie, 48 mill. 10.
État de l'hygromètre, 82° 5.

Couches.

Dans les premiers jours de ce mois on repique sous cloches la Chicorée fine semée en septembre ; vers la fin du mois ou dans les premiers jours de novembre on relève le plant pour le repiquer sous cloche ou sous panneaux. On plante les œilletons d'Ananas dans des pots qui doivent être proportionnés à la force de chacun. Dans la première quinzaine on sème la Laitue petite noire et la Romaine verte sur ados ; dans la seconde quinzaine, enfin, lorsque le plant est bon à repiquer, c'est-à-dire lorsque les cotylédons sont bien développés et que les premières petites feuilles commencent à paraître, on place trois rangs de cloches sur toute la longueur de l'ados, et, après les avoir lavées, on repique trente Laitues ou trente Romaines sous chacune d'elles.

Dans la seconde quinzaine on sème les Laitues Georges et gotte, et les Romaines blonde et grise ; on repique le plant vers la fin du mois ou au commencement de novembre, et, lorsqu'il est bien repris, ce qui se voit lorsqu'il commence à végéter, on soulève les cloches d'environ 3 centimètres, puis on augmente progressivement jusqu'à 8 centimètres, mais en ayant soin de toujours lever les cloches du côté opposé à celui d'où souffle le vent, et on ne les rabat que lorsqu'il gèle à 2 ou 3 degrés.

Ce plant, s'il est convenablement soigné, sert à faire toutes les plantations qui ont lieu depuis le mois de décembre jusqu'en février et mars. Il faut aussi repiquer les Choux-fleurs en pépinière sur ados; mais on ne les couvre de cloches ou panneaux que lorsqu'il gèle.

On commence à placer sur couche des racines de Chicorée sauvage pour les faire blanchir, et à partir de cette époque on peut continuer ce travail successivement jusqu'en mars et avril.

Pleine terre.

Les jours commençant à décroître d'une manière sensible, et les gelées étant à craindre dans le courant de novembre, il faut, pendant les soirées, faire les réparations nécessaires aux coffres et aux panneaux, afin qu'ils soient en état de servir dès que les froids se feront sentir. On commence aussi à fabriquer des paillassons.

On fait les derniers semis de Mâche et de Cerfeuil pour le printemps. Vers la fin du mois ou au commencement de novembre on sème les derniers Épinards, soit en pleine terre, soit sur les vieilles couches à Melons, après avoir récolté les Choux-fleurs. C'est aussi l'époque de semer du Cerfeuil et du Cresson alénois pour graines, et de planter les Radis noirs.

On repique les Choux semés en août et septembre, ainsi que l'Oignon blanc semé dans la première quinzaine d'août. Vers la fin du mois ou le commencement de novembre on coupe les vieilles tiges d'Asperges, on donne un léger binage aux planches, puis on étend un bon paillis de fumier court sur le tout. Il faut aussi donner un binage aux planches d'Oseille et les couvrir d'un bon paillis.

Vers la fin du mois on récolte les graines d'Asperges.

NOVEMBRE.

Hauteur moyenne du baromètre, 755 mill. 614.
Température moyenne, maximum $+$ 10°,15.
                              minimum $+$ 4°,74.
Quantité de pluie, 55 mill. 87.
État de l'hygromètre, 83° 2.

Couches.

Lorsque, le soir, le temps est clair, le vent à l'est, et que le thermomètre ne marque plus que 2 degrés au-dessus de zéro, il faut couvrir les panneaux et les cloches avec des paillassons ; s'il survient des froids de 4 à 5 degrés, on garnit les cloches placées sur les ados avec du fumier bien sec. On augmente l'épaisseur de la couverture en raison de l'intensité du froid, et l'on découvre les cloches au moment du soleil ; mais il faut s'assurer auparavant que le plant n'est pas atteint de la gelée; car alors il faudrait, au lieu de le découvrir, augmenter la couverture et le laisser dégeler graduellement.

On commence à chauffer les Asperges blanches et vertes, et l'on continue successivement jusqu'à l'époque où elles donnent en pleine terre. On plante sur terre, mais sous cloches ou sous panneaux, de la Chicorée fine. Sous panneau on en plante ordinairement sept rangs par coffre, à vingt-cinq par rang; sous cloches quelques maraîchers plantent trois Chicorées et un Chou-fleur au milieu. On plante aussi une première saison de Laitue petite noire; on repique sous cloche tous les plants de Laitue et de Romaine qui ont été semés le mois précédent.

On peut vers la fin du mois commencer à planter de l'Oseille sur couche et sous panneau, et à partir de cette époque on peut continuer successivement jusqu'à la fin de février. C'est aussi le moment de semer des Pois hâtifs pour les repiquer sous panneaux dans le courant de décembre.

Pleine terre.

Une fois novembre arrivé, comme la gelée peut sévir d'un jour à l'autre, il faut avoir du fumier et des paillassons en quantité suffisante pour couvrir les châssis, les cloches, et toutes les plantes qui sont susceptibles de souffrir de la gelée; il faut aussi achever de lier les dernières Chicorées et les Scaroles. Dans le courant du mois, *mais le plus tard possible*, on coupe les Choux-fleurs, ce qu'il ne faut faire que par un temps bien sec, et on les dépose dans la serre aux légumes, où ils peuvent se conserver jusqu'en avril. On rabat aussi les tiges d'Artichauts et les longues feuilles, puis on les butte, opération qui consiste à relever la terre autour de chaque touffe, de manière qu'elle se trouve enterrée presque jusqu'en haut des feuilles. Lorsqu'il vient de fortes gelées on les couvre avec de la litière ou des feuilles, que l'on écarte quand le temps est doux.

Il faut aussi relever les Brocolis en motte, les planter dans une tranchée, puis les couvrir de châssis ou de paillassons pendant les gelées. On relève également tous les Choux et les légumes que la gelée endommage ou empêcherait d'arracher; on les dépose dans la serre à légumes, ou bien on les met en jauge, et à l'approche des froids on les couvre avec des paillassons, de la litière ou des feuilles; puis on les découvre toutes les fois que la température le permet.

Dans le courant du mois on commence à préparer le terrain destinée à la plantation des Choux d'York, cœur-de-bœuf et pain-de-sucre, et dans la seconde quinzaine on plante tous les Choux qui doivent fournir des graines. On peut encore semer à la volée et à travers d'autres plantes de la Laitue à couper. A bonne exposition on sème les premiers Pois Michaux, et à partir de cette époque on peut continuer successivement jusqu'en juillet.

Si dans la première quinzaine on peut disposer de quelques panneaux, il faut les placer devant l'espalier de Vigne; par ce moyen on peut conserver du Raisin dans toute sa beauté jusqu'en janvier.

DÉCEMBRE.

Hauteur moyenne du baromètre, 754 mill. 953.
Température moyenne, maximum $+ 7^\circ,93$.
                              minimum $+ 3^\circ,53$.
Quantité de pluie, 43 mill. 60.
État de l'hygromètre, 87° 5.

Couches.

Pendant ce mois les travaux de pleine terre sont très-restreints, mais ceux relatifs aux cultures forcées prennent beaucoup d'extension. Arrivé à cette époque, il faut, quel que soit l'état de la température, couvrir pendant la nuit les panneaux et les cloches avec des paillassons. Aussitôt que les couches indiquées pour ce mois sont montées, il faut les couvrir de panneaux et de paillassons, afin que les fumiers entrent plus promptement en fermentation. A moins de temps contraire on découvre tous les jours celles sur lesquelles on a semé ou planté, en ayant soin de les recouvrir avant la nuit.

Quel que soit l'état de la température, il faut, tant que la neige est sur la terre, couvrir pendant la nuit les cloches et les panneaux avec des paillassons; il faut aussi avoir soin de ne pas laisser fondre la neige sur les couches.

Dans la première quinzaine on *rechange*, c'est-à-dire on arrache les plants de Romaines qui ont été repiqués en octobre et novembre, pour les replanter sur de nouveaux ados; mais, cette fois, on en met un quart de moins sous chaque cloche, afin qu'ils prennent plus de force

Agir de même pour les Choux-fleurs et pour les Choux que l'on ne peut planter que plus tard.

On achève de remplir les sentiers des coffres, Dehors on dresse les dernières meules à Champignons. A l'approche des gelées on pose des panneaux sur les planches de Poirée, de Persil, d'Estragon, d'Oseille, etc., afin de n'en pas manquer pendant l'hiver. Dans la première quinzaine on fait un premier semis de Carotte courte hâtive, et l'on repique quelques rangs de Laitues sur la même couche. Vers la fin du mois on sème une seconde saison de Carottes ; mais cette fois on remplace la Laitue par des Radis, qu'on sème très-clair.

On plante les premiers Choux-fleurs sur couche ; on en met six ou huit par panneau, puis on repique entre eux des Laitues ; on plante aussi sous cloche ou sous panneau des Laitues et des Romaines.

Sous panneau on plante ordinairement par coffre sept rangs de Laitues, à vingt-cinq par rang, et alternativement une Laitue et une Romaine (il va sans dire qu'on peut planter les Laitues et les Romaines séparément) ; sous cloche, on plante quatre Laitues et une Romaine au milieu. On sème des Radis roses hâtifs ; mais à cette époque on ne fait pas de couches spéciales pour cette culture ; on les sème parmi d'autres plantes, telles que Laitues, Carottes, Choux-fleurs, etc. Dans les cultures de hautes primeurs on sème dans la seconde quinzaine du mois des Haricots nains de Hollande, et, aussitôt après le développement des cotylédons, on les repique sur couche et sous panneaux.

On sème du Poireau que l'on repique en pleine terre vers la fin de février ou au commencement de. mars. C'est aussi le moment de repiquer les Pois sous panneaux.

Pleine terre.

Si le temps est doux on découvre les Artichauts pendant le jour, mais il est prudent de les recouvrir le soir ; si la gelée augmente on les couvre d'une plus grande quantité de litière ou de feuilles.

Si l'on craint de fortes gelées il faut couvrir les planches d'Épinards, de Mâches, de Cerfeuil, etc., avec de la litière. Dans la seconde quinzaine du mois ou dans le courant de janvier, enfin pendant les froids, on vide les tranchées des couches à Melons, puis on égalise le terrain, afin de le mettre en culture au printemps.

On commence à planter les Choux pommés hâtifs, qu'on place dans des rayons creusés plus profondément qu'on ne le fait ordinairement, afin que le plant se trouve à l'abri des intempéries.

Vers la fin du mois ou dans les premiers jours de janvier on taille la Vigne et les arbres fruitiers que l'on veut forcer.

JANVIER.

Hauteur moyenne du baromètre, 757 mill. 759.
Température moyenne, maximum $+ 7°,10$.
                          minimum $+ 4°,41$.
Quantité de pluie, 36 mill. 27.
État de l'hygromètre, 86° 5.

Couches.

Pendant ce mois les plantes cultivées sur couches exigent des soins assidus ; on monte de nouvelles couches, on remanie les réchauds qui ont besoin d'être refaits, et l'on remplit les sentiers de couches qui se sont affaissés, de manière qu'ils soient toujours aussi élevés que la surface des panneaux. A moins de temps contraire on découvre les panneaux tous les jours, et on donne un peu d'air aux plantes au moment du soleil en soulevant les panneaux et les cloches du côté opposé au vent ; mais il faut, le soir, avoir soin de les recouvrir avant qu'il se soit formé du givre sur les vitres.

On commence à chauffer la première saison d'Ananas, et, dans les cultures de hautes primeurs, on sème les Melons, les Concombres, les Aubergines et les Tomates. Une quinzaine de jours après le semis on repique le plant en pépinière, également sur couche et sous panneaux. On sème de la Chicorée fine ; comme nous avons déjà eu occasion de le dire, pour avoir du plant qui ne monte pas, il faut que les graines germent promptement. A partir de cette époque jusqu'à la Saint-Jean, tous les semis de Chicorée doivent avoir lieu sur couche.

Lorsqu'on suppose que le Persil doit avoir souffert de la gelée on en sème sous panneaux. Si, par une circonstance imprévue, il arrivait que l'on manquât de plant d'Oignon blanc, il faudrait, dans le courant du mois, en semer sur couche et sous panneaux.

On plante les Pommes de terre Kidney. On sème

des Choux-fleurs, des Pois et des Fèves pour les repiquer plus tard en pleine terre à bonne exposition ; puis on continue les semis de Carottes hâtives et de Radis. On pose des coffres et des panneaux sur les planches de Fraisiers que l'on veut forcer ; on creuse les sentiers pour les remplir de fumier. C'est aussi le moment de placer dans la bâche les Fraisiers en pots ; mais on ne commence à les chauffer que quelque temps après.

On plante des Laitues et des Romaines, et, lorsque les Asperges blanches sont épuisées, on peut, pour utiliser les panneaux (qu'il ne faut pas enlever aussitôt, car le passage subit du chaud au froid serait très-nuisible aux Asperges), planter dans chaque coffre deux rangs de Choux-fleurs, puis des Laitues ou des Romaines entre les Choux-fleurs, et plus tard des Chicorées fines. Comme ces plantes n'exigent pas de chaleur et qu'il suffit de les garantir du froid, elles ne peuvent nuire en rien aux Asperges.

Pleine terre.

Toutes les fois que la température le permet on donne de l'air aux Artichauts, mais il faut avoir soin de les recouvrir le soir. Pendant les gelées on couvre les planches en culture avec de la litière ou des paillassons, si la température n'a pas exigé qu'on le fît plus tôt.

Vers la fin du mois on peut, si le temps le permet, labourer les costières, pour planter des Choux pommés, des Romaines, des Laitues, et semer des Carottes.

FÉVRIER.

Hauteur moyenne du baromètre, 757 mill. 706.
Température moyenne, maximum + 7°,08.
                          minimum + 0°,94.
Quantité de pluie, 40 mill. 50.
État de l'hygromètre, 83° 2.

Couches.

Elles exigent les mêmes soins que pendant le mois précédent. On plante les Melons et la Chicorée fine semées en janvier. On relève les Aubergines et les Tomates, également semées en janvier, pour les repiquer une seconde fois, mais plus espacées que la première.

Dans les cultures ordinaires on sème les premiers Melons, les Haricots, les Aubergines et les Tomates, pour les repiquer sur couche ; des Choux-raves, des Choux rouges, du Céleri-rave, du Céleri turc, des Laitues, des Romaines et de la Chicorée sauvage ; mais, pour employer les panneaux pendant moins de temps, on peut semer la Chicorée sur ados et couvrir les semis avec de la litière qu'on enlève aussitôt que les graines sont germées ; c'est seulement alors que l'on place les panneaux. On sème encore des Radis sur couche, mais à l'air libre, et, s'il survient de mauvais temps, on les couvre avec des paillassons.

Dans la première quinzaine on enlève la terre des sentiers qui entourent les planches d'Artichauts qu'on veut forcer, et on la remplace par un réchaud de fumier. A la même époque on termine la récolte des Romaines et des Laitues cultivées sous cloches; on retourne le terreau, on plante une seconde saison de Laitue et de Romaine sur la même couche, et vers la fin du mois, enfin lorsqu'on n'a plus à craindre de froids rigoureux, on plante une Romaine entre chaque cloche. Aussitôt que les Laitues et les Romaines plantées sous cloches sont récoltées, on rapporte les cloches sur la seconde plantation de Romaines.

On multiplie les Crambés par bouture de racines, et l'on commence à butter ceux qui ont atteint leur troisième année.

Pleine terre.

Il faut donner de l'air aux Artichauts toutes les fois que le temps le permet. Comme souvent la température de février est aussi défavorable à l'horticulture que celle du mois précédent, ce n'est guère que vers la fin du mois qu'on reprend les travaux que l'hiver a suspendus. Ainsi, aussitôt que le temps redevient favorable, on termine la plantation des Choux semés en août et l'on sème parmi eux des Épinards. A partir de cette époque on peut continuer ce semis successivement jusqu'en octobre à bonne exposition. On commence à planter de la Romaine, à travers laquelle on sème des Radis. On repique les Pois et les Fèves semés en janvier sous panneau, et l'on fait les premiers semis en pleine terre. On plante les premières Pommes de terre, et à partir de cette époque on peut continuer successivement jusqu'à la fin de juin. Au commencement de juillet on repique le Poireau et l'Oignon blanc semés sur couche, et l'on commence à faire quelques semis, tels que ceux de Carotte, Ciboule, Poireau, Panais, Persil, Oignon jaune et blanc gros, etc.

On sème aussi des Choux de Milan ; on repique le plant immédiatement en place, et l'on peut continuer successivement jusqu'en juin.

MARS.

Hauteur moyenne du baromètre, 755 mill. 852.
Température moyenne, maximum + 9°,94.
                            minimum + 2°,66.
Quantité de pluie, 39 mill. 89.
État de l'hygromètre. 75° 0.

Couches.

Pendant ce mois les couches exigent beaucoup de surveillance, car la température est tellement inégale qu'il faut souvent, pendant le jour, ombrer les panneaux et les cloches, et, pendant la nuit, les couvrir avec des paillassons. On commence à chauffer la seconde saison d'Ananas ; on plante les Melons, les Aubergines et les Tomates semés en janvier. On fait blanchir les dernières racines de Chicorée sauvage, et on continue les semis de Tomates, de Melons et de Concombres. Dès les premiers jours du mois on peut enlever les panneaux et les coffres qui ont servi à forcer l'Oseille, remanier la couche et y placer trois rangs de cloches ; après quoi on repique sous chaque cloche une Romaine et trois Chicorées, plus deux rangs de Choux-fleurs entre les cloches.

On exhausse les coffres des Choux-fleurs, des Haricots, etc., toutes les fois qu'il est nécessaire de le faire, et, s'il survient quelques petites pluies douces, on enlève les panneaux et les cloches; mais il faut avoir soin de les replacer le soir. On peut aussi, si le temps est doux et que l'on ait besoin de panneaux, enlever ceux qui couvrent les Carottes, car à cette époque elles peuvent rester à l'air libre; seulement on les récolte quelques jours plus tard. Si dans la seconde quinzaine le temps est favorable, on enlève les panneaux des Choux-fleurs; mais comme à cette époque les nuits sont souvent très-froides et qu'il peut survenir quelques journées de mauvais temps, il faut placer deux rangs d'échalas (un vers le haut du coffre et l'autre vers le bas), sur lesquels on fixe des lattes de treillage, de manière à supporter les paillassons que l'on place pendant la nuit et par le mauvais temps.

Pleine terre.

C'est dans ce mois que les travaux de pleine terre reprennent leur importance, car l'on peut confier à la terre toutes les graines potagères, toutefois en ayant soin de recouvrir les semis avec du terreau afin de les mettre à l'abri des gelées printanières et du hâle. On enlève la couverture des Artichauts, on détruit les buttes et on laboure les planches. On plante les caïeux d'Échalotes, ainsi que la Civette, avec laquelle on peut faire des bordures; on multiplie l'Estragon par des éclats de pieds. On repique tous les jeunes plants élevés sur couche que la température n'a pas permis de repiquer plus tôt.

On sème les graines d'Asperges et l'on plante les griffes de l'année précédente.

On continue de semer des Carottes, du Cerfeuil, des Laitues, des Romaines, des Oignons, des Poireaux, de l'Oseille, les premiers Radis roses, les Épinards, les Scorsonères, le Fraisier des quatre-saisons, les Pois destinés à fournir des graines, ainsi que toutes les graines indiquées pour le mois précédent. On plante les premiers Choux-fleurs, et l'on continue de planter les Laitues et les Romaines. On plante aussi les Radis noirs dont on veut avoir les graines, si on ne les a pas plantés en automne.

Dans la seconde quinzaine on fait les premiers semis de Brocolis et de Navets hâtifs ; on repique de la Chicorée fine, mais sous cloche et sous panneau ; on repique aussi les Laitues et les Romaines qui doivent donner des graines. On plante les Oignons jaunes destinés à fournir des graines, ainsi que tous les porte-graines qu'on a conservés en jauge.

AVRIL.

Hauteur moyenne du baromètre, 754 mill. 789.
Température moyenne, maximum $+ 12°,70$.
minimum $+ 5°,69$.
Quantité de pluie, 5 mill. 53.
État de l'hygromètre, 65° 8.

Couches.

Pendant le jour on donne beaucoup d'air aux plantes cultivées sous cloches et sous panneaux.

Au commencement du mois on sème des Melons

pour les planter sous cloches, des Haricots à repiquer en pleine terre, mais sous cloches ou sous panneaux.

On sème encore les Chicorées et les Scaroles sur
couche, mais à l'air libre. Vers la fin du mois on
plante les Patates sur couche sourde, et, aussitôt
que les Laitues et les Romaines cultivées sur couches
sont récoltées, on démonte les couches, puis on en
prépare d'autres pour planter les Melons à cloches,
ou bien on dispose de l'emplacement pour toute autre culture.

Pleine terre.

On continue les travaux qui n'ont pas été terminés
dans le mois précédent ; on bassine les semis toutes
les fois que la température l'exige ; enfin on a soin
de tenir les graines dans un milieu favorable à leur
développement.

On fait une chasse assidue aux insectes qui attaquent les jeunes semis ; on commence les sarclages,
et, si le plant est trop dru, on l'éclaircit, afin d'avoir
des plantes plus vigoureuses.

On plante les œilletons d'Artichauts ; on sème le
Céleri turc à une exposition ombragée, les premiers
Choux de Milan, de la Chicorée sauvage, du Cresson alénois, du Céleri à couper, de la Poirée blonde,
de la Pimprenelle.

On continue les semis de Laitues et de Romaines,
de Brocolis, de Radis ; puis on fait les derniers semis de Persil. On repique les Chicorées frisées et
les Scaroles qui doivent fournir des graines, le Poireau

semé en février ou mars, les Radis porte-graines semés sur couches en février. On commence à repiquer les Céleris semés sur couches, et vers la fin du
mois ou au commencement de mai on sème des
Choux-fleurs demi-durs.

MAI.

Hauteur moyenne du baromètre, 754 mill. 863.
Température moyenne, maximum + 17°,67.
                       minimum + 10°,98.
Quantité de pluie, 56 mill. 80.
État de l'hygromètre, 70° 0.

Couches.

On fait une couche que l'on charge de terre pour
planter les Ananas ; on plante les premiers Melons
à cloche et les Patates, si la température n'a pas
permis de le faire plus tôt. On sème les Cornichons,
et, comme dans le mois précédent, on sème les Chicorées sur couches, mais à l'air libre. A cette époque on remplace assez ordinairement la Chicorée
fine par la Chicorée de Meaux, qui résiste mieux
aux chaleurs de l'été et à l'humidité de l'automne.

Pleine terre.

Les travaux de ce mois sont très-multipliés, car,
indépendamment des semis, des sarclages et des repiquages, souvent la température exige qu'on donne
de fréquents arrosements.

Comme on n'a plus besoin de paillassons, on les

dépose sous le hangar ; on les range sur quelques tra-verses de bois , afin qu'ils ne soient pas en contact avec le sol; après quoi on les étend à plat les uns sur les autres. Assez ordinairement on répand un peu de cendre sur chacun d'eux, afin d'éloigner les souris , qui, lorsqu'elles s'établissent dans les tas de paillassons, y font beaucoup de dégâts.

Comme, à cette époque, on n'a plus besoin d'é-tablir des couches nouvelles, on peut commencer à faire provision de fumier pour les besoins de l'au-tomne. On forme ordinairement des tas de fumier d'environ 3 mètres 33 centimètres de largeur sur une longueur indéterminée ; mais il faut avoir soin de les éloigner le plus possible de l'habitation, car il arrive quelquefois que la fermentation est telle que le feu prend au fumier.

On sème les Cardons immédiatement en place, les Choux pour graines, et tous les Haricots que l'on veut récolter en sec; mais pour la consommation en vert on peut semer successivement jusqu'en juillet. On sème du Pourpier, des Betteraves, des Poirées à cardes.

On continue les semis de Céleris, Choux de Mi-lan, Laitues, Romaines, Brocolis et Radis.

Lorsque le plant de Fraisier a quatre ou cinq feuil-les on le repique en pépinière sur une vieille couche. Dans la seconde quinzaine on plante les Patates en pleine terre, les Concombres, les Potirons, les Pi-ments et les Tomates.

JUIN.

Hauteur moyenne du baromètre, 756 mill. 966.
Température moyenne, maximum + 21°,19.
                          minimum + 14°,42.
Quantité de pluie, 54 mill. 44.
État de l'hygromètre, 67° 5.

Couches.

A cette époque les Melons et les Aubergines sont les seules plantes cultivées sur couches.

A la Saint-Jean on plante les derniers Melons. On enlève les panneaux et les cloches au fur et à mesure que les plantes peuvent se passer d'abri; on rentre les panneaux sous un hangar, puis on dépose les cloches dans un coin du jardin; à cet effet on étend un lit de litière sur le sol, puis on aligne ses cloches sur deux rangs et dans le même sens. On les met l'une dans l'autre, en ayant soin de les séparer par un peu de litière pour éviter qu'elles se cassent; ensuite on étend un lit de litière par-dessus, et on place un troisième rang de cloches qui porte sur les deux premiers; enfin on recouvre le tout avec de la grande litière. On enlève aussi les coffres pour les déposer dans un coin du jardin.

Pleine terre.

Les travaux de ce mois ne sont que la continuation de ceux du précédent; mais, comme le soleil est arrivé à son point culminant, ses rayons sont brûlants ; aussi les arrosements doivent-ils être fréquents et abondants.

Dans la première quinzaine on plante les Concombres et les Cornichons ; on sème les derniers Choux-fleurs, les Choux de Vaugirard, de la Raiponce et des Radis noirs ; on continue les semis de Céleris, Choux de Milan, Laitues, Romaines et Radis.

Dans la seconde quinzaine on sème les Chicorées, soit en place, soit en pépinière, et vers la fin du mois on plante les dernières Pommes de terre.

On repique les Choux porte-graines en pépinière, et l'on commence à récolter les graines de Cerfeuil, Cresson alénois, Mâches, Navets, etc.

JUILLET.

Hauteur moyenne du baromètre, 756 mill. 193.
Température moyenne, maximum $+ 21°,10$.
$\qquad\qquad$ minimum $+ 16°,93$.
Quantité de pluie, 47 mill. 21.
État de l'hygromètre, 68° 2.

Couches.

On met en pleine terre les Ananas qui commencent à marquer fruit.

On arrose à propos les Melons, les Concombres, les Aubergines et les Piments, ce qui nécessite une grande surveillance, car pendant les chaleurs les plantes cultivées sur couches exigent des arrosements beaucoup plus fréquents que celles cultivées en pleine terre.

Pleine terre.

Comme la chaleur est toujours aussi élevée, les arrosements absorbent une bonne partie de la journée.

On fait les derniers semis des plantes qui doivent être récoltées avant l'hiver, telles que Carottes hâtives, Choux de Milan, Chicorées, Scaroles, Laitues et Romaines, Pois, Poireaux, etc. On peut encore semer dans les premiers jours du mois de la Raiponce, de l'Oseille et des Radis noirs.

On repique les Choux-fleurs et les Choux de Vaugirard semés dans le mois précédent.

On plante les Fraisiers semés en mai; puis on repique en pépinière les filets des espèces que l'on veut mettre en pot pour les forcer.

On récolte les graines d'Épinards, d'Oseille, de Scorsonère, ainsi que les Pois.

VOCABULAIRE MARAICHER.

ACCOT. Voir page 148.

ADOS. Voir page 148.

AMENDER. Améliorer une terre par les engrais.

ARROSER. Sinonyme de mouiller.

—— *à la pomme* signifie verser l'eau avec la pomme de l'arrosoir. Dans ce cas il faut répandre l'eau le plus également possible et la verser de manière à ne pas battre la terre.

—— *à la gueule*, c'est verser l'eau par l'ouverture de l'arrosoir. On arrose ainsi les gros légumes qui demandent beaucoup d'eau.

BASSINER. Arroser légèrement avec la pomme de l'arrosoir, de manière que l'eau tombe en forme de pluie.

BINER. Voir page 147.

BORDER. Voir page 149.

BORGNE. Se dit des Choux et des Choux-fleurs qui n'ont pas de bourgeon terminal.

BORNER. C'est serrer légèrement la terre autour des racines d'une plante qu'on vient de planter, ce qu'on opère soit avec la main, soit avec le plantoir.

BUTTER. Relever la terre autour du pied des plantes pour les préserver de la gelée, les faire blanchir ou favoriser le développement des tubercules.

CHARGER UNE COUCHE. C'est placer dessus la terre ou le terreau nécessaire au développement des plantes qu'on veut cultiver.

CHEMISE. Couverture de litière dont on couvre les meules à Champignons.

CLOCHÉE. La quantité de plants qui tient sous une cloche.

CLOCHER. Mettre des cloches sur un semis ou sur des plants nouvellement repiqués.

COIFFER. Se dit des Romaines dont les feuilles intérieures sont toutes appliquées l'une contre l'autre, de manière à former une tête compacte.

CONTRE-PLANTER. Cette opération consiste à planter, entre les rangs d'une planche garnie de plants à moitié ou aux trois quarts venus, des plants qui leur succéderont.

COSTIÈRE. Planche plus ou moins large, abritée ou protégée par un mur, un brise-vent, où l'on sème ou plante des légumes qui viennent plus tôt qu'en plein marais.

COTYLÉDONS. Lobes séminaux ou feuilles séminales.

COUCHES. Voir page 149.

DÉCLOCHER. Enlever les cloches lorsque les plants n'ont plus besoin de chaleur artificielle.

DÉFONCER. Voir page 139.

DENSE. Épais, compacte.

DÉPANNEAUTER. Enlever les panneaux d'une couche.

DONNER DE L'AIR. Soulever les cloches ou les panneaux afin de fortifier les plantes.

DRESSER UNE PLANCHE. Voir page 141.

ÉCLAIRCIR. C'est arracher une partie du plant lorsqu'on a semé trop dru, de manière à ce que celui qui reste profite davantage.

ÉTÊTER. Couper avec les ongles le sommet de la tige principale d'une plante, de manière à provoquer le développement des branches inférieures.

FORCER. C'est obliger une plante à produire plus tôt qu'elle ne le ferait naturellement.

FRAPPÉ. Se dit d'un Melon qui, arrivé à sa grosseur, commence à changer de couleur ou de teinte.

FUMIER *neuf*. Celui qui sort de l'écurie.

—— *recuit*. Le fumier mis en tas depuis quelque temps.

—— *vieux*. La partie la moins consommée du fumier provenant de vieilles couches.

GOBETER. Couvrir les meules à Champignons avec de la terre légère.

HALE. Vent sec et desséchant.

HERSER. Voir page 141.

JAUGE. On nomme ainsi le fossé résultant de l'enlèvement de la terre qu'on transporte, avant de commencer à labourer ou à défoncer, à l'extrémité de la pièce où doit se terminer le travail.

LABOURER. Voir page 140.

LARDER. Introduire le blanc dans les meules à Champignons.

MEUBLE. Se dit d'une terre bien divisée par les labours.

MEULE. Voir *Couches à Champignons*.

MONTER UNE COUCHE. Même signification que faire une couche.

MOUILLER. Synonyme d'arroser.

NOUER. Se dit des fleurs qui passent à l'état de fruit.

ŒILLETONS. Rejetons que poussent certaines racines et qui servent à propager la plante.

OMBRER. Étendre du paillis sur les châssis pour atténuer l'intensité des rayons solaires.

PAILLIS. Couche de fumier court que l'on étend sur les planches, afin d'empêcher l'évaporation trop rapide de l'eau des arrosements.

PANNEAUTER. Mettre les panneaux sur les couches.

PINCER. Couper avec les ongles l'extrémité des rameaux pour favoriser le développement des branches inférieures.

PLANTER. Mettre une plante en terre pour qu'elle prenne racine.

PLOMBER. Voir page 145.

POMMER. Se former en pomme. Se dit des Choux et des Laitues lorsque ces légumes sont bons à récolter.

RABATTRE L'AIR. C'est abaisser les châssis ou les cloches qui étaient soulevés.

RATISSER. Couper l'herbe entre deux terres avec la ratissoire dans les sentiers et dans les plantations de gros légumes.

RÉCHAUD. Voir page 152.

REPIQUAGE. Action de repiquer. Voir page 145.

SAISON. Même signification que récolte. Ainsi un maraicher qui fait six récoltes dans le courant de l'année dit : J'ai fait six saisons.

SARCLER. Arracher les mauvaises herbes qui naissent dans les planches en culture.

SEMER. Voir page 142.

SENTIER. Chemin étroit qu'on laisse entre chaque planche.

TAPISSER. Étendre du fumier court sur les couches à Melons, opération qui doit avoir lieu avant le développement des branches latérales.

TERREAUTER. C'est étendre une couche de terreau sur un semis.

TOURNER. Se dit des Oignons quand a lieu le développement des bulbes.

TRACER. C'est faire des lignes dans le sens de la longueur des planches pour semer ou planter.

VOIE. Hottée de Choux-fleurs ou de Melons préparée pour porter à la halle ; au lieu de dire une hottée de Choux-fleurs ou de Melons, on dit une voie de Choux-fleurs, une voie de Melons.

FIN

TABLE DES CHAPITRES

FIN DE LA TABLE ALPHABÉTIQUE.

BARRETTA (F.). Manuel complet du ch[...] liquoriste, confiseur, pâtissier suis[...] conserver les vins et les vinaigres de [...] orné de 8 planches . . . . . .

BASSET. Chimie de la ferme. 1 vol. [...] de [...] texte . . . . . .

Bon Jardinier (Le) pour 1858; par POITEAU, VILMORIN, [...] PÉPIN. 1 vol. in-12 de 1,650 pages . . . . . .

BARON. Nouveaux principes de la Taille des arbres [...] in-8° avec 23 figures . . . . . .

BOSSU. Plantes médicinales indigènes. 1 vol. in-8°, accompa[...] atlas de 60 planches gravées sur acier, représentant près [...]
Noir . . . . . .
Colorié . . . . . .

COURTOIS-GÉRARD. Manuel pratique du jardinage, con[...] qu'il est nécessaire de savoir pour cultiver son jardin ou sa [...] ture. Cinquième édition. 1 vol. in-18 de plus de 500 pages avec [...] le texte . . . . . .

Cuisinier des Cuisiniers (Le). 1,000 recettes de cordon bleu, [...] miques, à l'usage de toutes les fortunes. Belle édition, avec [...] de figures sur bois intercalées dans le texte. 1 fort vol. in-1[...] cartonné . . . . . .

DANDOLO (Comte). Art d'élever les vers à soie. Sixième [...] plan d'une nouvelle magnanerie salubre, d'après le système [...] d'Arcet, appliqué à un local dont l'agencement se démonte [...] nière que l'atelier puisse servir à tout autre usage avant et ap[...] des vers à soie; par M. BRUNET DE LA GRANGE, officier de la Lég[...] inspecteur de l'industrie séricicole. 1 vol. in-8° . . . . . .

DUMAS (L.). La Science des fontaines, ou Moyen sûr et facile de [...] tout des sources d'eau potable. 2e édit. 1 vol. in-8° avec pl. sur [...]

DUVERNAY. Culture des abeilles dans une nouvelle ruche [...] 1 vol. in-8° . . . . . .

DUVINAGE, ingénieur civil, ancien architecte. L'Archi[...] 1 fort vol. in-8° de 450 pages de texte, et un Atlas de 76 planch[...] plans, coupes, élévations de tous les genres de constructions r[...] les différents détails . . . . . .

GOSSIN (Louis), cultivateur et professeur à l'Institut agricole de [...] griculture française, principes d'agriculture appliqués aux [...] de la France. 1 vol. grand in-4°, orné d'une carte agricole d[...] 225 planches dessinées par Rosa Bonheur, et par MM. Ja.-Bon[...] Milhau. 1858 . . . . . .

HARDY, jardinier en chef du jardin du Luxembourg. [...] (Traité de la Taille et des Greffes des). [...] édition. 1 [...] 122 gravures . . . . . .

HERVÉ DE LAVAUR, membre de la Société d'agriculture et d'horti[...] Châlon-sur-Saône, directeur de la ferme [...] de Château[...] élémentaire d'agriculture pratique. 1 vol. [...]

Paris. — Typographie de Firmin Didot frères, fils et Ce, rue Jacob, 56.